DEGUS

BIOLOGIE · HALTUNG · ZUCHT

Stefan Gumnior

88 Fotos

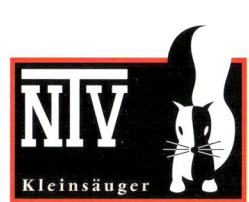

Für Binni, Noa und Amira

Titelbilder: Degu (*Octodon degus*)
Hintergrund: Degu-Fell
Fotos: C. Ehrlich

ISBN 3-937285-53-9

© Natur und Tier - Verlag GmbH
1. Auflage 2005
An der Kleimannbrücke 39/41
48157 Münster
Tel.: 0251-13339-0, Fax: 0251-13339-33
E-Mail: verlag@ms-verlag.de
Home: www.ms-verlag.de
Geschäftsführung: Matthias Schmidt
Layout: Ludger Hogeback - hohe birken
Lektorat: Kriton Kunz & Christian Ehrlich
Fachliche Durchsicht des Kapitels „Der Degu als Patient": Prof. Dr. Michael Fehr, Tierärztliche Hochschule Hannover
Druck: Alföldi, Debrecen, Ungarn

INHALTSVERZEICHNIS

VORWORT

Degus galten noch vor 15 Jahren als Geheimtipp in der Heimtierhaltung. Entsprechend dürftig waren auch die Möglichkeiten, sich umfassend über sie zu informieren. Im Laufe der letzten Jahre allerdings wurden zahlreiche Erkenntnisse über Biologie und Haltungsbedingungen der Degus gewonnen. Doch leider existieren neben guten Literaturbeiträgen und Webseiten immer noch viele falsche Haltungsempfehlungen, Darstellungen und Tipps, die den Tieren bestenfalls nichts anhaben, ihnen aber oft gründlich schaden. Die Informationsvielfalt zum Thema Degu ist durch ihre Fülle und die darin enthaltenen Widersprüche äußerst verwirrend.

Aus persönlichen Kontakten mit Degu-Haltern erfuhr ich, dass sich Degu-Freunde ein kompaktes Buch über ihre Lieblinge wünschen, in dem Informationen zu allen Themen der Haltung und darüber hinaus auch zu weiterführenden Aspekten (wie z. B. Systematik und Krankheitsbilder) mit der zum Verständnis notwendigen Ausführlichkeit dargestellt sind, (natur)wissenschaftliches Spezialwissen aber nur kurz erwähnt oder – soweit vertretbar – ganz weggelassen ist. Mit dem vorliegenden Buch versuche ich, diese Wünsche zu erfüllen. Abbildungen und Tabellen vervollständigen die Darstellung,
indem sie die Informationen anschaulich machen oder kurz und bündig zusammenfassen.

Dieses Buch richtet sich sowohl an Tierfreunde, die sich Degus anschaffen und sich vorab über diese Tiere informieren wollen, als auch an Anfänger und Fortgeschrittene in der Degu-Haltung. Es ist außerdem für Fachleute wie z. B. Veterinärmediziner gedacht, da Degus in vielen Tierarztpraxen noch immer seltene Patienten sind und auch hier oft Informationsmangel herrscht. Und so hoffe ich, dass das Buch allen am Thema Degu Interessierten hilfreich zur Seite steht und besonders den Degus – durch die Umsetzung der Anregungen auf diesen Seiten – zugute kommt.

Über Meinungen und Kommentare zum Buch freue ich mich jederzeit. Es kann trotz langjähriger eigener Erfahrungen und sorgfältiger Recherche leider immer vorkommen, dass sich manches als zu einfach betrachtet erweist – dies gehört zum Wesen des Erkenntnisprozesses.

Ich wünsche allen Lesern viel Spaß mit der Lektüre und natürlich viel Freude an Ihren Tieren!

Stefan Gumnior
Hamburg, im Herbst 2005

ABKÜRZUNGSVERZEICHNIS

cm	Zentimeter
et al.	(et alii) und andere
g	Gramm
kg	Kilogramm
km	Kilometer
m	Meter
min	Minute(n)
ml	Milliliter
mm	Millimeter
mmol	Millimol
s	Sekunde(n)
°C	Grad Celsius
%	Prozent

DER DEGU IM BIOLOGISCHEN SYSTEM

Bevor Sie mehr über Biologie, Pflege und Vermehrung des Degus lesen, sollten wir uns zunächst einmal die Stellung dieses interessanten Nagers in der biologischen Systematik anschauen. Unter „biologische Systematik" versteht man die Wissenschaft von der Erforschung, Beschreibung und Einteilung der Lebewesen in ein System – nach verwandtschaftlichen Kriterien, die auf einer gemeinsamen stammesgeschichtlichen Entwicklung beruhen. Das Klassifizieren der Lebewesen folgt einem hierarchischen Aufbau, dem ein Schachtelungsprinzip zugrunde liegt. Dabei werden verschiedene systematische Kategorien unterschieden. Die Grundkategorie ist die Art, die – wenn erforderlich – in Unterarten bzw. Rassen unterteilt werden kann. Die Art zeichnet sich einem bestimmten biologischen Konzept nach durch eine gemeinsame stammesgeschichtliche Entwicklung, grundsätzlich gleichen Bau und gleiches Verhalten sowie durch eine natürliche Fortpflanzungsgemeinschaft aus, in der die Individuen fruchtbare Nachkommen zeugen.

Degus sind südamerikanische Nagetiere, deren Verbreitungsgebiet hauptsächlich in Chile liegt.
Foto: C. Ehrlich

Im Folgenden die Stufenleiter der wichtigsten systematischen Kategorien (Taxa) in absteigender Linie, wobei die Zahl gleicher Charakteristika (also von Homologien) zunimmt: Reich (Regnum), Stamm (Phylum), Klasse (Classis), Ordnung (Ordo), Familie (Familia), Gattungsgruppe/Sippe (Tribus), Gattung (Genus), Art (Species). Durch unter- und übergeordnete Zwischenkategorien, z. B. Unter- und Überfamilie, kann diese Einteilung noch feiner gefasst werden.

Der eigentliche wissenschaftliche Name eines Lebewesens setzt sich aus lateinischen bzw. latinisierten Begriffen im Singular (Einzahl) zusammen, und zwar aus zwei Wörtern, weshalb diese Form der Benennung auch binäre Nomenklatur heißt. Sie geht in der heutigen Form auf den schwedischen Arzt und Naturforscher Carl von Linné (1707–1778) zurück (CAMPBELL & REECE 2003). Das erste und groß geschriebene Wort des wissenschaftlichen Namens ist der Gattungsname und sagt etwas über die Verwandtschaft aus. Das zweite und klein geschriebene Wort ist das Artbeiwort und kennzeichnet die zu benennende Art näher. Beide Anteile, also Gattungsname

Degus besitzen Tarnfärbung und sind in der freien Wildbahn nicht leicht zu entdecken. Foto: C. Ehrlich

chend der Verwandtschaft zu erstellen, doch ist es sehr schwierig, den Verwandtschaftsgrad größerer Einheiten zu ermitteln. Einigermaßen zuverlässig dagegen kann die Art definiert werden. Durch neue Entdeckungen und Erkenntnisse ist das natürliche System des Tier- und Pflanzenreichs aber immer wieder Veränderungen unterworfen. Außerdem sind die Auffassungen der an der Systematik arbeitenden Wissenschaftler über die Zugehörigkeit bestimmter Tiere oder Pflanzen zu einzelnen Verwandtschaftsgruppen durchaus nicht einheitlich. Erschwerend kommt hinzu, dass die Systematik nach unterschiedlichen Ansätzen erfolgen kann und es daher eine ganze Reihe verschiedener Systematiken gibt. Doch soll uns das als Tierfreunde nicht weiter stören. Betrachten Sie darum nun einmal die heute allgemein anerkannte Klassifikation des Degus.

Ordnung der Nagetiere (Rodentia)
Unterordnung der Meerschweinchenverwandten (Caviomorpha)
Überfamilie der Trugrattenartigen (Octodontoidea)
Familie der Trugratten (Octodontidae)
Gattung der Strauchratten (Octodon)

WILSON & REEDER (1993), CABRERA (1961) und PINE et al. (1976) unterscheiden die drei Degu-Arten Gewöhnlicher Degu (*Octodon degus*), Küsten-Degu (*Octodon lunatus*) und Wald-Degu (*Octodon bridgesii*). Bei NOWAK (1999) findet sich eine vierte Art, nämlich der Pazifik-Degu (*Octodon pacificus*). Exakte Untersuchungen darüber, ob es sich beim Pazifik-Degu tatsächlich um eine eigene Art oder lediglich um eine Unterart handelt, liegen meines Wissens zurzeit nicht vor. Es bleibt daher abzuwarten, ob der Pazifik-Degu in zukünftigen Systematiken generell als vierte Art anerkannt und entsprechend aufgeführt wird.

und Artbeiwort, werden zusammen als Artname bezeichnet. Auf das Artbeiwort kann ein Unterartname folgen (beide können Haupt- oder Eigenschaftswörter sein). Die Konstellation dieser drei Wortanteile heißt dann ternäre Nomenklatur. Es ist üblich, alle wissenschaftlichen Gattungs-, Art- und Unterartnamen kursiv zu schreiben. Und hier kommen wir nun zum Tier, das im Mittelpunkt dieses Buches steht: Der Gewöhnliche Degu trägt den wissenschaftlichen Artnamen *Octodon degus* – das groß und kursiv geschriebene Wort *Octodon* ist der Gattungsname, das klein und ebenfalls kursiv geschriebene Wort *degus* ist das Artbeiwort.

Die Namen der Überfamilien, Familien und Unterfamilien bestehen aus groß geschriebenen Hauptwörtern im Plural (Mehrzahl). Man erkennt sie daran, dass an den Wortstamm des Gattungsnamens die Endung *-oidea* für die Überfamilie, *-idae* für die Familie und *-inae* für die Unterfamilie angehängt wird.

Abschließend sei angemerkt, dass man heute zwar bestrebt ist, ein natürliches System entspre-

In der Vergangenheit wurde aufgrund molekularbiologischer Untersuchungen diskutiert, ob die Degus statt zu den Meerschweinchenverwandten (Caviomorpha = südamerikanische Hystricognathi) zu den Hasenverwandten (Lagomorpha) gezählt werden müssten. Neuere und sich nicht nur auf die Molekularbiologie berufende Untersuchungen, z. B. Vergleiche der Anatomie bestimmter Schädelknochen verschiedener Nagetiere (MESS 1997), konnten diese Vermutung nicht stützen. Außerdem ist eine Diskussion darum entbrannt, ob die Meerschweinchenverwandten überhaupt zur Ordnung der Nagetiere gehören: D'ERCHIA et al. (1996) plädieren aufgrund ihrer Befunde am genetischen Material der

Degus sind hoch soziale Tiere und richtige „Familienwesen" – zusammen sind sie stark! Foto: C. Ehrlich

Mitochondrien dafür, die Meerschweinchenverwandten zu einer eigenen Ordnung zu erheben, sie also nicht – wie bislang – zu den Nagern zu zählen. Bis dato ist diese These aber noch nicht allgemein akzeptiert, weshalb ich auch in diesem Buch der Klassifikation des Degus folge, wie sie im Kasten aufgeführt ist.

EINIGE BESONDERHEITEN DER NAGETIERE

Herbivore Nagetierarten (also Nager, die von pflanzlicher Nahrung leben) besitzen einen verhältnismäßig großen Blinddarmsack (Caecum), der in gewisser Weise die Aufgabe des Pansens (Vormagen bei Wiederkäuern) erfüllt. Eine weitere Besonderheit ist das bei Tierhaltern oft mit Abscheu beobachtete Kotfressen (Caecotrophie), das sich auch beim Degu findet: Der im Caecum produzierte Vitamin-B-reiche Kot wird nach seiner Ausscheidung aus dem Enddarm gefressen, den harten „normalen" Kot dagegen nehmen die Tiere meist nicht auf. Das Kotfressen ist ein für Nager wichtiges Verhalten, das ihrer Gesundheit dient und in Menschenobhut keinesfalls unterbunden

werden darf. Kotfressen hilft bei der besseren Verdauung von Zellulose (das sind aus zahlreichen aneinander gereihten Glukoseresten, also aus Zuckern bestehende Fasern), da der Nagetiermagen nicht so kompliziert aufgebaut ist wie bei Wiederkäuern.

Es gibt sowohl tag- als auch nachtaktive Nagetiere sowie Arten mit einem unregelmäßigen Rhythmus; diese schlafen ein wenig, sind dann eine Zeit lang wach, um anschließend wieder zu dösen. Dieses Verhalten zeigen Degus oft in Menschenhand, obgleich sie in freier Wildbahn eher in den frühen Morgen- und den späten Nachmittagsstunden geschäftig sind.

WUSSTEN SIE SCHON?

Bei Nagetieren, zu denen auch der Degu zählt, handelt es sich um die größte Säugetierordnung mit mehr als 2.050 rezenten, also gegenwärtig lebenden Arten in rund 468 Gattungen. Ihre Vertreter sind gewöhnlich kleine bis mittelgroße Tiere von Maus- bis Rattengröße. Unter den vielen Ausnahmen von dieser Regel wären u. a. das ungefähr 50 kg schwere Wasserschwein oder aber die 6–12 g leichte Steppen-Birkenmaus zu nennen. Besonderes Charakteristikum der Nagetiere sind die permanent nachwachsenden Nagezähne (siehe „Gebiss") und nach WEHNER & GEHRING (1990) außerdem die besonders ausgeprägten sozialen Interaktionen.

Rattenähnlichkeit ist offensichtlich, aber näher verwandt sind Degus mit Meerschweinchen. Foto: U. Schanz

FAMILIE TRUGRATTEN (OCTODONTIDAE)

Wie Sie oben schon gelesen haben, zählt der Degu zur Familie der Trugratten. Der aufschlussreiche Name dieser Verwandtschaftsgruppe lässt schon erahnen, dass es sich hier um Tiere handelt, die äußerlich eine gewisse Ähnlichkeit mit Ratten haben. Allerdings sind Trugratten mit Ratten zoologisch gesehen nicht eng verwandt. Der wissenschaftliche Name Octodontidae bedeutet „Achtzähner", wobei die Tiere dieser Familie nicht etwa acht Zähne, sondern achtförmig ausgebildete Backenzahn-Kauflächen haben (NOWAK 1999). Die Familie der Trugratten umfasst fünf Gattungen mit neun bzw. – wenn man den Pazifik-Degu als eigene Art mitzählt – zehn Arten.

Ihre Verbreitung beschränkt sich auf Südamerika, im Wesentlichen auf Peru, Bolivien, Argentinien und Chile. Sie leben sowohl im Küstenbereich als auch in den Andenvorbergen und im Hochgebirge, teils sogar in Regionen über 3.500 m. Sie können hervorragend graben, schaffen umfangreiche Tunnel und Höhlen, verstecken sich aber auch in Felsspalten oder in Höhlen anderer Tiere.

Trugratten haben eine Körperlänge von etwa 12,5–31 cm und eine Schwanzlänge von 4–18 cm. Das Fell ist grundsätzlich lang, dick und seidig. Der Kopf wirkt recht groß, die rundlichen und mit kurzem Haar bedeckten Ohren erscheinen in Relation dazu eher klein. Bis auf den Cururo (*Spalacopus cyanus*) und die Südamerikanische Felsenratte (*Aconaemys fuscus*) sind alle anderen Trugratten langschwänzig, mit einem Haarbüschel (Quaste) am Schwanzende.

Folgende Arten werden in der Familie der Trugratten unterschieden (auf die zu dieser Familie gehörenden Degu-Arten gehe ich später ausführlich ein): Pinselschwanzratte (*Octodontomys gliroides*), Viscacharatte (*Octomys mimax*), Südamerikanische Felsenratte (*Aconaemys fuscus*) und Cururo (*Spalacopus cyanus*).

Degus lieben Deckung – Schutz gegen zahlreiche Feinde.
Foto: C. Ehrlich

ÄUßERES ERSCHEINUNGSBILD UND BESONDERHEITEN DES DEGUS

Viele Menschen, die zum ersten Mal einen Degu sehen, meinen eine Ratte, ein kleines Eichhörnchen oder eine Art Chinchilla vor sich zu haben. All diese Vermutungen beruhen auf gewissen Ähnlichkeiten mit den genannten Tieren. Größe und Aussehen der Degus erinnern zwar auf den ersten Blick an Ratten (daher der Begriff „Trugratten", siehe oben), das Verhalten und gewisse Bewegungen haben auch etwas von einem Eichhörnchen, Fell und Körperhaltung könnten durchaus als chinchillaähnlich bezeichnet werden, aber all diese Parallelen lassen natürlich keine eindeutige biologische Klassifikation der Degus zu und beschreiben nur Teilaspekte ihres Erscheinungsbildes.

Degus haben einen kompakt, aber nicht plump wirkenden, sehr beweglichen Körper (normale Körpertemperatur: 38,1–39,5 °C), der ihnen erlaubt, durch enge Tunnel zu kriechen oder sich durch sehr kleine Ritzen zu quetschen. Hierbei helfen ihnen die mit recht kurzen, aber scharfen Krallen ausgestatteten Vorder- und Hinterbeine, die für ein Leben, in dem viel gegraben und gewühlt wird, zwar gut geeignet, hierfür aber nicht besonders spezialisiert sind. Die Vorder- und Hintergliedmaßen sind bei Degus ähnlich wie bei Ratten und Mäusen sehr gelenkig.

Degus setzen ihre Vorderpfoten beim Halten von Fressbarem gekonnt ein, wenn auch nicht so geschickt wie Ratten. Bei Degus und anderen Nagern ist der Daumen nur noch ein Rudiment, daher haben Degus an den Vorderfüßen nur vier, an den Hinterfüßen dagegen fünf mit Krallen ausgestattete Zehen. Die Unterseite der Füße zeigt recht große Ballen, die helfen, dem Degu auf glatten Oberflächen wie Felsen oder Ästen Halt zu geben. Krallen sind übrigens eine Sonderform der Oberhaut und bilden ein Widerlager für den Druck, der auf den Tastballen ausgeübt wird; somit helfen Krallen auch beim Tastgefühl.

Das Fell der Degus ist sehr weich und wird oft mit dem Fell der Chinchillas verglichen. Letzteres ist aber tatsächlich noch weicher und vor allem dichter. Degus sind oberseits rötlich braun und unterseits gelblich weiß gefärbt. Wenn man sich ein Körperhaar, das von der Körperoberseite stammt, genauer anschaut, entdeckt man, dass es seine Farbe wech-

Typisch Degu: abgerundeter Kopf, bohnenförmige Ohren, kompakter Körper. Foto: C. Ehrlich

Ein „blauer Degu", die einzige in Deutschland gehaltene Farbmutation dieser Nager Foto: C. Ehrlich

selt, und zwar von schwarz (am körpernahen Teil) bis rötlich braun (an der Haarspitze). Dadurch entsteht der Eindruck des sehr dezent „gescheckten" Degu-Fells. Haare dienen generell und somit auch beim Degu dem Wärmeschutz und der Tastempfindung.

WUSSTEN SIE SCHON?

Das Haar ist eine Art Hornfädchen, das seinen Ursprung in der Oberhaut hat und in einer Wurzelscheide steckt, in die eine Talgdrüse mündet. Vom unteren Ende der Talgdrüse bis zur Oberhaut zieht ein Haarmuskel, mit dem das Haar aufgestellt werden kann (z. B. bei Kälte oder zur Kommunikation beim „Fellsträuben").

Die einzige mir bekannte Degu-Farbvariation ist der „blaue Degu": Erwachsene Exemplare dieser Variante haben ein bläulich graues Fell, bei Jungtieren ist es noch auffallend silberblau. Es soll inzwischen aber zusätzlich Albinos sowie agouti-weiß-gescheckte Tiere geben (EHRLICH 2002). Bei Albinos, die manchmal auch Weißlinge genannt werden, handelt es sich um Tiere, deren Körper die für die Fell- und Augenfarbe verantwortlichen Substanzen (Melanine) nicht bilden können. Typisch für Albinos sind neben dem weißen Fell die roten Augen, da auch hier die Farbpigmente der Regenbogenhaut (Iris) fehlen und dadurch das Blut durchschimmert (ein Tier mit wei-

ßer Fellfarbe, aber Augen, die nicht rot gefärbt sind, ist also kein Albino). Da Farbpigmente als Lichtfilter fungieren, sind Augen ohne Farbpigmente wohl empfindlicher gegenüber Strahlung. Albinismus beruht auf einer spontanen Veränderung des Erbguts (Mutation); so kann es in einem Wurf mit normal gefärbten Jungen einen oder mehrere Albinos geben.

Der Kopf der Degus ist bei einer gewissen Ähnlichkeit zu Ratten abgerundeter und wirkt dadurch kompakter. Auffällig sind bei Degus auch die größeren, bohnenförmigen Ohren und die abgerundete und daher nicht mausähnliche bzw. nicht spitze Nase. Der Hals ist kurz, und so scheint der Kopf direkt auf dem Rumpf zu sitzen.

Ein auffälliger Unterschied zu Ratten und Mäusen zeigt sich auch am Schwanz: Während er bei Letzteren mit kleinen, dachziegelartig übereinander liegenden Schuppenringen bedeckt und nur schwach behaart ist, ist derjenige des Degus schwarz behaart, am Ende mit einem schwarzen Haarbüschel versehen und knapp körperlang.

WUSSTEN SIE SCHON?

Der Degu-Schwanz weist außer seiner schwarzen Behaarung und Funktion als Kommunikationsmittel und Balancierhilfe eine weitere Besonderheit auf, denn er verfügt über eine Art „Sollbruchstelle". Bei zu starkem Zug kann die Schwanzhaut an einer dafür vorgesehenen Stelle ringförmig einreißen und sich vom Schwanz lösen. Mehr dazu im Kapitel „Erkrankungen und Störungen".

KÖRPERMAßE

Die Körpermaße des Degus können sehr variabel sein, was zur Annahme führte, dass die kleineren und größeren Degus jeweils einer eigenen Unterart (Rasse) angehören könnten. Wissenschaftlich kann das (noch) nicht untermauert werden, denn diskutiert wird auch noch die Möglichkeit der Körpergrößenvariation, nach der gehäuftes Auftreten von jeweils kleineren bzw. größeren Tieren wahrscheinlich ist und dies nicht zwangsläufig als Hinweis für entsprechende Unterarten gewertet werden muss. Es bestehen auch die Möglichkeiten, dass die unterschiedlichen Degu-Typen durch Inzuchtlinien ent-

KÖRPER- UND SCHWANZLÄNGE SOWIE GEWICHT BEIM GEWÖHNLICHEN DEGU (*OCTODON DEGUS*)

Die angegebenen Zahlen sind Anhaltswerte und beruhen sämtlich auf Messungen des Autors.

Körperlänge (in cm)		Schwanzlänge (in cm)		Gewicht (in g)	
Erwachsene	Neugeborene	Erwachsene	Neugeborene	Erwachsene	Neugeborene
11–19	4–5,5	10–17	3–4	170–320	10–16

Degus sind stets sehr aufmerksam – ihnen entgeht selten etwas. Foto: C. Ehrlich

standen oder andere Degu-Arten (also nicht nur *Octodon degus*) unter den ursprünglich eingeführten Wildfängen gewesen sind. Diese Punkte könnten zur Vermutung geführt haben, dass bei *Octodon degus* zwei Unterarten existieren. Wie dem auch sei, der größere und öfter gehaltene Degu-Typ wirkt jedenfalls schlanker als der kleinere und wird im Folgenden näher beschrieben. Der kleinere Degu-Typ unterscheidet sich vom größeren vor allem durch ein gedrungener wirkendes Äußeres mit einem kürzeren Kopf, einem kürzeren Schwanz (im Verhältnis zur Kopf-Rumpf-Länge der größeren Degus) und dunkleren Ohren. Ihre graubräunliche Färbung der Oberseite verändert sich fließend in Grau an der Unterseite. Inzwischen haben sich beide Degu-Typen miteinander vermischt, und die möglichen Größen, die bei Degus auftreten, sind etwa so variabel wie bei uns Menschen.

Die Angaben bezüglich Körper- und Schwanzlänge und Gewicht schwanken selbst in der Fachliteratur beträchtlich. Man findet z. B. folgende Angaben: Körperlänge 12,5–19,5 cm, Schwanzlänge 10,5–16,5 cm und Körpergewicht 170–300 g (NOWAK 1999; SPORON 1990; SPORON & METTLER 2002) oder auch 25–30 cm für die Körperlänge und 170–400 g für das Körpergewicht (VANDERLIP 2001). BREHM (1973) gibt die Körperlänge des Degus mit 26 cm an, wobei hiervon ein Drittel auf den Schwanz entfällt. Bei diesen Angaben spielen wahrscheinlich die oben beschriebenen Degu-Typen („großer Degu" bzw. „kleiner Degu") und die Art bzw. Genauigkeit des Messens eine Rolle.

SINNESORGANE

SEHVERMÖGEN

Die recht großen Augen sitzen beim Degu seitlich am Schädel. Das beschert ihm ein großes Gesichtsfeld mit einem Blickwinkel von fast 360 Grad, also eine fast vollständige Rundumsicht, was für Tiere mit vielen Fressfeinden, die auf dem Boden oder aus der Luft lauern, durchaus sinnvoll ist. Im Gegensatz zu uns Menschen überschneiden sich die Gesichtsfelder der Degu-Augen nur in einem kleinen Bereich, sodass Degus fast kein räumliches Sehvermögen besitzen und mit den Augen nicht gut Entfernungen abschätzen können.

WUSSTEN SIE SCHON?

Degus können – wie Nagetiere generell – unbewegte Objekte nur schlecht ausmachen. Deshalb erschrecken die Tiere oft, wenn man zunächst regungslos vor ihrem Käfig sitzt und sich dann plötzlich bewegt.

GEHÖR UND GLEICHGEWICHTSSINN

Hör- und Gleichgewichtssinn sind bei Degus gut ausgeprägt. Das Gehör dient natürlich zum einen dazu, verräterische Geräusche sich nähernder Feinde auszumachen, aber auf der anderen Seite auch der feinen und manchmal sehr leisen Kommunikation untereinander. Hierzu helfen die beweglichen Ohrmuscheln, die bis zu einem gewissen Grad zur Geräuschquelle hin ausgerichtet werden können und das Hören „verstärken".

GESCHMACKSSINN

Der Geschmackssinn scheint bei Degus, ähnlich wie bei anderen Nagern, gut ausgebildet zu sein und spielt bei der Nahrungsaufnahme eine große Rolle; er entscheidet darüber, ob die Qualität des Futters den Verzehr zulässt. Ratten und Rennmäuse sollen Stoffe in der Nahrung, die ihnen selbst oder Artgenossen nicht gut bekommen sind, erkennen und dann meiden können (RAUTH-WIDMANN 1999). Inwieweit dies auch auf Degus zutrifft, ist nicht geklärt.

GERUCHSSINN

Der Riechkolben, also der Hauptteil der für den Geruchssinn zuständigen Gehirnregion, ist bei Degus sehr gut ausgebildet und für ihren exzellenten Geruchssinn verantwortlich. Der Degu verfügt wie etliche Nager über ein so genanntes Jacobsonsches Organ, das Düfte in einem dafür ausgebildeten Teil der Nasenhöhle, die dort mit Sinnesepithel ausgekleidet ist, aufnimmt, sodass sie anschließend vom Gehirn analysiert werden können (POMER & PAVSONS 1983; MESS 1997).

Überhaupt spielen Düfte im Degu-Leben eine große Rolle, sei es beim Erkennen von Rudelmitgliedern oder anderen Artgenossen, bei der Partnerwahl oder auch bei der Markierung des Reviers. Für diese „geruchliche Kommunikation" dient bei Degus auch Urin, der gerade dort, wo Degus auf Erkundung gehen oder Nahrung suchen, in Form kleiner Tröpfchen auf dem Boden abgesetzt wird und den Artgenossen eindeutige Informationen vermittelt. Bei der

Der Geruchssinn spielt im Leben der Degus eine große Rolle.
Foto: C. Ehrlich

„Duftkommunikation" spielen aber auch Pheromone eine große Rolle. Pheromone sind Signalstoffe, die im Körper von Tieren gebildet werden, aber außerhalb des Körpers zum Einsatz kommen. Sie dienen der Geruchsidentifikation zwischen Individuen derselben Art und können bestimmte Verhaltensweisen auslösen. Es gibt Pheromone, die als Sexuallock-, Alarm- und auch als Schreckstoffe fungieren.

WUSSTEN SIE SCHON?

Wie bereits erwähnt, benutzen Degus Urin als Duftmarkierungen. Deutsche Wissenschaftler vom Max-Planck-Institut für Hirnforschung und chilenische Kollegen fanden dazu Erstaunliches heraus: Degus können im Gegensatz zu den meisten anderen Säugetieren UV-Licht sehen (CHÁVEZ et al. 2003); frischer Degu-Urin reflektiert die UV-Anteile des Lichts, sodass die für Degus üblichen Urinmarkierungen nicht nur erschnuppert, sondern auch gesehen werden können.

TASTSINN

Die Tasthaare (Vibrissen) an der Schnauze der Degus sprechen auf Berührungs- und Erschütterungsreize an, aber beispielsweise auch auf Luftbewegungen. Die bei Degus an der übrigen Körperoberseite vereinzelt vorkommenden längeren Haare sind ebenfalls Tasthaare und liefern entsprechende Informationen, was für die grabenden und wühlenden Tiere besonders hilfreich ist, z. B. in engen Gängen. Diese Tasthaare sind sehr wichtig, denn durch ihre Reizung werden (unter Umständen lebensrettende) Schutzreflexe ausgelöst.

Scharfes Degu-Gebiss: Gelbe Zähne sind normal, weiße Zähne wären ein Krankheitszeichen. Foto: N. Notzon

GEBISS

NAGETIERGEBISS

Die Nagezähne der Nagetiere und der Hasenartigen (Lagomorpha) sind die im Ober- und Unterkiefer paarweise vorhandenen Schneidezähne (Incisivi), die wurzellos, meißelförmig und gebogen sind. Ihr Dauerwachstum gleicht starke Abnutzung aus (CAMPBELL & REECE 2003).

Während bei Kaninchen und Feldhasen die Nagezähne vollständig mit Dentin (Zahnschmelz) überzogen sind, zeigen die Nagezähne der Degus nur auf der Vorderseite einen gelblich orangen Dentinüberzug. Dadurch sind die Nagezähne der Degus auf der Rückseite anfälliger für Abschliff, was zu ihrer Oberflächenschärfung führt. Eckzähne fehlen, zwischen Schneide- und Backenzähnen ist daher eine Lücke vorhanden.

Im Allgemeinen nimmt mit steigender Organisationshöhe die Zahnzahl ab. Damit die Nagezähne durchtreten können, ist die Oberlippe gespalten, was zum Begriff der Hasenscharte führte. Wie erwähnt, wachsen sie ständig nach und müssen daher abgenutzt werden. Gerade Degus als besonders eifrige Nager müssen viel geeignetes Nagematerial bekommen, damit die Zähne nicht unnatürlich lang werden und die Tiere nicht beim Fressen behindern.

ZAHNFORMELN

In einer Zahnformel bezieht sich die erste Reihe auf die Hälfte eines Oberkiefers, die zweite Reihe auf die Hälfte eines Unterkiefers (der ganze Ober- bzw. Unterkiefer müssen nicht angegeben werden, weil die Kiefer jeweils symmetrisch angelegt sind). Die Ziffern bedeuten von links nach rechts: Schneidezähne (Dentes incisivi), Eckzahn (Dens angularis), Vorderbackenzähne (Prämolaren; Dentes praemolares) und Backenzähne (Molaren; Dentes molares). Um die Summe der Zähne eines Gebisses zu erhalten, muss die Summe der Ziffern aus der Zahnformel mit zwei multipliziert werden.

Für Nagetiere übliche Zahnformel:	Zahnformel Degus:
1 | 0 | 0 | 3	1 | 0 | 1 | 3
1 | 0 | 0 | 3	1 | 0 | 1 | 3

Zahnformeln für Nagetiere und Degus. Nagetiere haben in der Regel 16 Zähne, Degus jedoch 20.

STOFFWECHSEL

Tiere, die in sehr warmen und trockenen Regionen leben, nehmen Wasser oft nur als Tau oder gebunden in fester Nahrung auf. Aus diesem Grund musste sich der Stoffwechsel solcher Tiere auf Wasserknappheit einstellen. So produzieren Degus relativ wenig Urin, der dafür hoch konzentriert ist. Es geht sozusagen kein wertvolles Wasser verloren, und was mit dem Urin ausgeschieden wird, ist für den Körper wirklich nicht mehr verwertbar – wenn man von Urin als Markierungs- und Kommunikationsmittel absieht. Wasser kann auch eingespart werden, indem Organismen es nicht über ihre Körperoberfläche abgeben können. Aus diesem Grund besitzen viele Tiere, wie z. B. auch der Degu, die in warmen und trockenen Klimaten leben, wenig Schweißdrüsen. Die Regulation der Körpertemperatur findet bei Kälte über Kuscheln und/oder Einrollen (Oberflächenverkleinerung) statt, bei Wärme beispielsweise durch Fellsträuben und verminderte Aktivität.

Der Stoffwechsel der Degus ist von Natur aus auf Wasserknappheit eingestellt. Foto: N. Notzon

AUSSCHEIDUNGS- UND GESCHLECHTSORGANE

GEMEINSAMKEITEN BEI MÄNNCHEN UND WEIBCHEN

Männchen und Weibchen besitzen unter ihrem Schwanz ein hautfarbenes, weiches und 5–10 mm langes Zäpfchen, das oftmals für einen Penis gehalten wird und häufig durch die daraus resultierende falsche Geschlechterbestimmungen zu nicht erwünschtem Nachwuchs führt. In diesem Zäpfchen von Männchen und Weibchen verläuft die Harnröhre, die an der körperfernen Spitze nach außen mündet. Nur das etwas größere Zäpfchen des Männchens beherbergt den Penis.

MÄNNCHEN

Die Hoden des Degu-Männchens liegen nicht außen in einem sichtbaren Hodensack, sondern in einer Ausbuchtung der Bauchhöhle, die von einem Muskel (Musculus cremaster) verschlossen wird. Nach FEHR et al. (2005) lassen sich die Hoden in die Leistengegend (Regio inguinalis) drücken; dieses Prozedere darf aber ausschließlich von Tierärzten durchgeführt werden, weil ein unsachgemäßes Vorgehen Schmerzen und Verletzungen für das Tier bedeutet!

WEIBCHEN

Bei Degu-Weibchen ist die Gebärmutter im Gegensatz zur (gesunden) Frau „zweigeteilt", und zwar dergestalt, dass sie zwei Ausbuchtungen aufweist, die – wenn das Weibchen trächtig ist – die Jungen zu den Flanken des Weibchens hin „verteilen". Auf diese Weise wird der Mutter erleichtert, mehrere Föten auszutragen. Einzelheiten zur Entwicklung der Jungen im Körper der Mutter würden hier zu weit führen; es sei daher auf MESS (2002) verwiesen.

Degu-Weibchen besitzen acht Zitzen in vier Paaren. Drei Paare befinden sich nicht unten am Bauch, sondern weiter oben an der Körperseite, und zwar zwischen Vorder- und Hinterbeinen. Ein Paar lieg

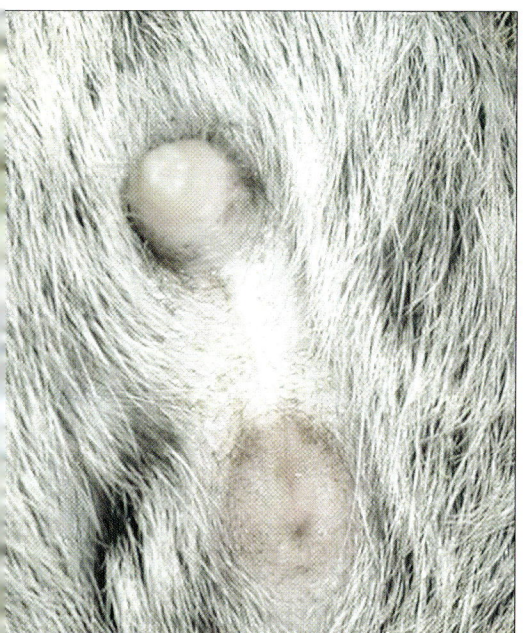

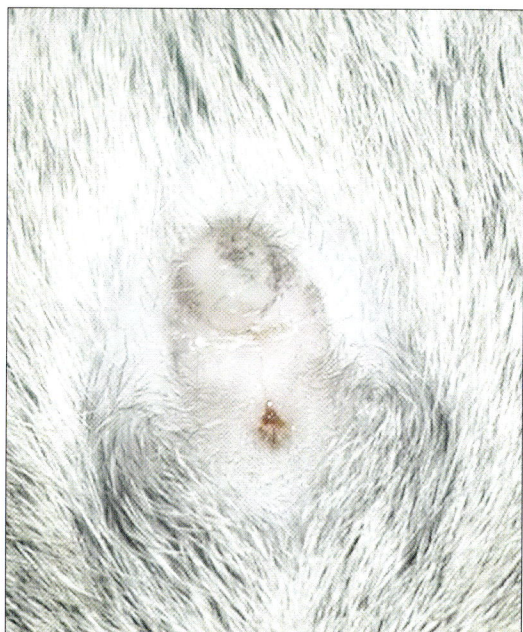

Männchen, mit größerem Anogenitalabstand
von oben: Zäpfchen, After) Foto: A. Neumann

Weibchen, mit geringerem Anogenitalabstand
(von oben: Zäpfchen, Scheide, After) Foto: A. Neumann

dagegen am Unterleib zwischen den Hinterbeinen und der Leistengegend. Diese Verteilung macht Sinn, denn so kann die Degu-Mutter ihren Nachwuchs dicht gedrängt unter ihrem Bauch säugen, während sie in einer aufrechten, (halb) sitzenden Position die Umgebung nach potenziellen Feinden absuchen kann und sich so mitsamt Nachwuchs nicht größerer Gefahr ausliefern muss. In Augenblicken, in denen sich die Degu-Mutter völlig sicher fühlt, legt sie sich in der Höhle bzw. im Häuschen aber auch schon einmal auf die Seite oder auf den Rücken und lässt ihre Kleinen in dieser Position trinken, während sie dabei nicht selten die Augen schließt. Außerhalb der Höhle bzw. des Häuschens konnte ich diese Säugehaltung nur dann beobachten, wenn sich die Mutter offenbar sehr sicher fühlte und gewissermaßen „entspannt" war.

GESCHLECHTERUNTERSCHEIDUNG

Um das Geschlecht der Tiere zu bestimmen, müssen sie einen Blick auf die Körperöffnungen (After und

Scheide) auf der Körperunterseite am Schwanzansatz werfen. Ich rate Ihnen, dabei behutsam vorzugehen, denn zum einen könnten Sie sonst Ihre Degus verletzen, wenigstens aber verschrecken, zum anderen sind Degus von derartigen Untersuchungen wenig begeistert und können schon einmal kräftig zubeißen. Es gibt aber auch Degus, die die Inspektion geduldig und ergeben über sich ergehen lassen. Achten Sie bei Ihrer Untersuchung auf den Abstand zwischen Zäpfchen und Afteröffnung, der bei Männchen etwas größer als bei Weibchen ist und eine schwache helle Linie aufweist, die sich vom Zäpfchen zum After hinzieht und einer verblassten Narbe ähnlich ist. Für den Anfänger wird es schwer sein zu beurteilen, ob der Abstand zwischen Zäpfchen und After (bei Männchen 5–10 mm, bei Weibchen 3–6 mm) nun auf ein Männchen oder Weibchen schließen lässt. Schauen Sie deshalb auf den Ansatz des Zäpfchens, der zur Schwanzseite gelegen ist; hier finden Sie – wenn Sie ein Weibchen untersuchen – die im Normalfall fest verschlossene und dadurch nicht sehr gut zu erkennende, längliche Scheidenöffnung.

Degus sind aufmerksame und höchst neugierige Tiere, die immer auf Achse sind. Foto: C. Ehrlich

ANATOMISCHE BESONDERHEITEN

Eine anatomische Besonderheit bei Degus ist ihr Gehirn, das bei ihnen leicht „eingedreht" ist (VANDERLIP 2001). Wissenschaftler vermuteten bei anderen Nagetierarten einen Zusammenhang zwischen dieser Art von Gehirn und Intelligenz. Konkrete Untersuchungen am Degu liegen in dieser Hinsicht aber noch nicht vor.

Zur Topografie (Lage) der Bauchhöhlenorgane beim Degu finden sich wissenschaftliche Informationen bei GONZALES (1990). Einzelheiten können hier aufgrund des Umfangs dieses Ratgebers nicht dargestellt werden.

Die Anzahl der Chromosomen pro Zelle ist in der Familie der Trugratten mit 38–102 sehr unterschiedlich; der Gewöhnliche Degu besitzt 58 Chromosomen (HONEYCUTT et al. 2003).

HERKUNFT UND LEBENSWEISE

HEIMAT

Die Heimat der Degus befindet sich größtenteils im südamerikanischen Gebirgsland Chile, das im Westen durch den Pazifischen Ozean, im Norden von Peru und Bolivien sowie im Osten von Argentinien begrenzt wird. Chile wird von den Anden durchzogen, die ein großes Längstal einschließen. Die Landesgliederung kann wie folgt vorgenommen werden: (1.) die bis 2.500 m hohe Küstenkordillere, die sich im Süden des Landes zu einer großen Zahl von Inseln umwandelt; (2.) die Ebenen des Chilenischen Längstals (hier befindet sich die Hauptwirtschaftszone), das man als Buchten und Fjorde in Patagonien wiederfindet; (3.) die vulkanreiche Hauptkordillere (Nevado Ojos del Salado 6.880 m

Degus graben in ihrer Heimat Tunnelsysteme ...
Foto: C. Ehrlich

... und sind wahre Weltmeister in der Disziplin Buddeln.
Foto: K. Kunz

und Cerro Tupungato 6.800 m hoch), die in Südchile firn-/gletscherreich ist und jenseits der Magellanstraße in die Feuerländische Kordillere übergeht.

Das Klima Chiles ist sehr unterschiedlich. Der „Große Norden" (also Nordchile) ist extrem trocken, aber nebelreich, der „Kleine Norden" (nördliches Mittelchile) sogar subtropisch. Mittelchile (31–37° südlicher Breite) ähnelt dagegen dem mediterranen Klima (Santiago: mittlere Januartemperatur 20 °C, Julitemperatur 8 °C, Jahresniederschlag um 400 mm). Der „Kleine Süden" (südliches Mittelchile) ist gemäßigt feucht, der „Große Süden" (Patagonien und Feuerland) subantarktisch kühl und regenreich, mit 5.000–7.000 mm Niederschlag pro Jahr.

Die Flora Chiles ist ähnlich abwechslungsreich wie das Klima. Der „Große Norden" hat fast keine Vegetation, hier findet sich die mit Salzsümpfen und -krusten gespickte Atacama-Wüste, die zu den trockensten Gebieten der Erde gezählt wird. Lediglich in den nebelreichen Gebieten Nordchiles wachsen Zwergsträucher und Sukkulenten. Mittelchile weist vor allem Hartlaubgehölze auf, der „Kleine Norden" mehr subtropische Zwergsträucher mit Kakteen. Die Vegetation Südchiles ist ein subantarktischer Regenwald, in dem immergrüne Südbuchen wachsen. Nördlicher finden sich immergrüne Laub- und Nadelwälder mit Araukarien (bestimmte Nadelbäume von sehr unterschiedlicher Gestalt).

LEBENSRÄUME DER DEGU-ARTEN

Gewöhnlicher Degu (*Octodon degus*)

Der Gewöhnliche Degu kommt hauptsächlich in Nord- und Zentralchile zwischen dem 25. und dem 35. Breitengrad vor. Sein Verbreitungsgebiet erstreckt sich von der Provinz Atacama bis nach Curicó (NOWAK 1999). Er soll auch in Peru gesehen worden sein, wobei BORAKER & WOODS (1975) vermuten, dass es sich hier um ausgesetzte Tiere handelte.

Der Gewöhnliche Degu liebt offenes Gelände mit einer Vegetation aus nicht zu dichtem Strauchwerk; man findet ihn in einer Höhe bis zu 1.200 m. Areale, die streckenweise felsig oder wüstenähnlich trocken sind, schrecken ihn nicht ab. Das Gebiet darf nur nicht zu steinig sein, da er sonst seine unterirdischen Gänge und Höhlen nicht graben kann. Dagegen ist er in Wäldern oder in dicht bewachsenen Landesteilen überhaupt nicht zu finden. Durch Rodung von Wald entstandenes karges Land ist allerdings ideal für ihn, und er besiedelt es ohne Zögern.

Die Nähe zu Menschen macht diesem anpassungsfähigen Tier nichts aus, im Gegenteil, oft nutzt es die Vorteile, die ihm aus dieser Nähe erwachsen. Dann fällt der Degu in Gärten oder landwirtschaftlich genutzten Flächen ein, wo er großen Schaden anrichten kann (BREHM 1973). Diese Degu-Art wird zunehmend auch in der unmittelbaren Nähe von

Der Lebensraum von *Octodon degus* in Chile: offen, trocken, leicht felsig und mit überschaubarem Bewuchs Foto: H. Werning

Städten gefunden. Es zeigt sich, dass der Gewöhnliche Degu ein Überlebenskünstler und ein so genannter Kulturfolger ist (HÄNSEL 1982), mit der Konsequenz, dass er inzwischen sogar als lästiger Schädling bekämpft wird.

Küsten-Degu (*Octodon lunatus*)

Diese Degu-Art lebt überwiegend in den Provinzen Coquimbo, Aconcagua und Valparaíso (NOWAK 1999). Das Verbreitungsgebiet liegt somit ungefähr zwischen dem 29. und dem 33. Breitengrad. Küsten-Degus bevorzugen – wie ihr Name verrät – küstennähere Regionen.

Octodon lunatus unterscheidet sich vom Gewöhnlichen Degu nur geringfügig in Fellfärbung und Körpergröße. Er liebt allerdings üppig bewachsene Dornbuschflächen, weniger dagegen offenes Gelände – im Gegensatz zum Gewöhnlichen Degu. Auffällig sind die Chromosomensätze dieser beiden Degu-Arten, denn der Küsten-Degu besitzt 78 Chromosomen, der Gewöhnliche Degu 58 (der Mensch hat 46 Chromosomen).

Wald-Degu (*Octodon bridgesii*)

Der Wald-Degu kommt nach NOWAK (1999) in Zentralchile am Fuße der Anden in den Provinzen O'Higgins, Colchagua, Curicó und Concepción vor, zudem findet man ihn in den grenznahen Regionen der argentinischen Neuquén-Provinz.

Wald-Degus bevorzugen, wie aus dem Namen abzuleiten ist, Wälder, aber auch Bambusdickichte bis zu einer Höhe von 1.200 m (SPORON & METTLER 2002). Andere Flächen mit dichtem Pflanzenbewuchs werden ebenso besiedelt. *Octodon bridgesii* ist von allen Degu-Arten am weitesten in Süd- und Ostchile zu finden. Der Wald-Degu gräbt im Gegensatz zum Gewöhnlichen Degu und zum Küsten-Degu keine Gänge und Höhlen (SPORON & METTLER 2002).

Pazifik-Degu (*Octodon pacificus*)

Der erstmals 1993 von der Wissenschaft erfasste und als letzte Degu-Art zu nennende Pazifik-Degu (*Octodon pacificus*) lebt nicht auf dem Kontinent, sondern auf einer Insel vor Chile, die Isla Mocha heißt (NO-

Degus legen ein umfangreiches unterirdisches Gangsystem an.
Foto: C. Ehrlich

Degus lieben erhöhte Plätze, von denen aus sie die Umgebung beobachten können. Foto: K. Kunz

WAK 1999). Er ist die größte aller vier Degu-Arten, soll aber nach jüngsten Angaben ausgestorben sein.

HÄUFIGKEIT

Degus sind die häufigsten Säugetiere in Zentralchile (BREHM 1973; NOWAK 1999). In der Literatur werden Populationsdichten von 10–259 Tieren pro Hektar angegeben, wobei der Durchschnitt bei rund 40–80 Exemplaren pro Hektar liegen dürfte (GRZIMEK 1969; NOWAK 1999). Nach NOWAK (1999) ist die Degu-Dichte im Frühjahr (September bis November) am höchsten, da in dieser Zeit die Jungen geboren werden.

VERHALTEN

Lebensweise der Degus in Südamerika

Degus bilden Verbände von 5–10 erwachsenen Männchen, die die Grenzen eines gemeinsamen Reviers gegen Männchen aus anderen Verbänden verteidigen. Innerhalb dieser Verbände gibt es Familien, die gewöhnlich aus einem Männchen und drei Weibchen bestehen. Es herrscht eine strenge soziale Organisation (FULK 1976). Degus legen ein umfangreiches, unterirdisches Gangsystem mit mehreren Aus- bzw. Eingängen an, die – vor terrestrischen Raubtieren und Raubvögeln geschützt – unter Felsen oder Büschen liegen. Es gibt mehrere Höhlen und Kammern, die teils als Vorratskammern für den Winter dienen, teils als Kinderstuben. Über dem Tunnelwerk an den Ausgängen befinden sich Haufen, die aus Zweigen,

Steinen, Erde und teilweise auch aus getrocknetem Dung bestehen; sie dienen als territoriale Markierungen und sind das Zentrum des zu verteidigenden Territoriums. Das dominante Männchen eines Verbandes hält sich gewöhnlich in der Nähe dieses Hügels auf und bewacht ihn. Wenn ein Konflikt zwischen den Verbänden aufgetreten ist und erfolgreich beendet wird, kommt es zum Aufstocken des Hügels, damit er imposanter wirkt und von der Stärke des Verbandes zeugt. Ein Vergrößern des Hügels geschieht auch dann, wenn ein dominantes Männchen eines Verbandes ein anderes Männchen aus seinem Verband verjagt. Auch hier wird durch das Erweitern des Hügels die Überlegenheit des Siegers angezeigt.

WUSSTEN SIE SCHON?

Degus sind in ihrer Heimat das ganze Jahr über aktiv, denn sie halten keinen Winterschlaf.

Besonders geschäftig sind Degus in den Morgen- und den späten Nachmittagsstunden. Das ist sinnvoll, wenn man bedenkt, dass der Mittag und der frühe Nachmittag die heißesten Tageszeiten sind. Degus suchen am Boden ihre Nahrung, die aus Gras, Blättern, Rinde und Samen besteht. Manchmal klettern sie in niedriges Gebüsch, um an schmackhaftes frisches Laub zu gelangen (BREHM 1973; NOWAK 1999; EHRLICH 2003). In der Wachstumsphase fressen Degus auch geringe Mengen Getreide (HÄNSEL 1982), in

Gruppenkuscheln – Degus brauchen stets Artgenossen. Foto: C. Ehrlich

der Trockenzeit angeblich auch Kot von Rindern und Pferden (NOWAK 1999). Eine interessante Frage wäre in diesem Zusammenhang, ob Degus Dung aus Hunger fressen, oder ob die mit dem Kot aufgenommenen Bakterien günstig auf die Verdauung einwirken.

Wenn sich Degus durch Feinde bedroht fühlen, warten sie deren Annäherung zunächst ab, um dann, den Schwanz aufrecht tragend, in ihren Höhlen zu verschwinden und nach kurzer Zeit an einer anderen Stelle wieder hervorzukommen (SANDERSON 1956).

Wie schon angedeutet, können Degus zur Plage werden, besonders dann, wenn sie in landwirtschaftlich genutzte Flächen wie Weizenfelder, Obstplantagen und sogar Weingärten einfallen. Das tun sie nicht zuletzt, um Vorräte für den Winter anzulegen.

Verhalten der Degus in der Wildbahn und in Menschenhand

Wie die Überschrift schon andeutet, bezieht sich dieses Kapitel nicht nur auf frei lebende Degus, sondern auch auf in Menschenhand gehaltene Exemplare. Sie werden bei der Beobachtung Ihrer Degus feststellen, dass sie ein großes Repertoire an Verhaltensweisen zeigen:

Degu hat sich auf einem erhöhten Punkt im Käfig niedergelassen: Degus mögen erhöhte Sitzplätze, von denen aus sie die Umgebung im Auge behalten. Bei der Käfigeinrichtung sollte dies beachtet werden.

Degu ist aufgerichtet, schnuppert mit der Nase in den Wind und lässt die Pfoten dabei herunterhängen: Degus sind „Nasentiere" und prüfen die Umgebung auf Gerüche, aber auch auf Geräusche, die möglicherweise Feinde ankündigen könnten.

Mehrere Degus hocken zusammen, teilweise übereinander „gestapelt": Degus sind sehr soziale Tiere und brauchen Artgenossen, um sich wohl zu fühlen. Gemeinsames Kuscheln ist angesagt und stärkt das Familienband!

Der Degu flitzt in ein Versteck und schaut nach wenigen Sekunden vorsichtig schnuppernd hervor: Das Tier hat Angst oder erschrak und dachte, es müsse vor einer Gefahr fliehen. Dies ist ein ausgezeichneter Verteidigungsmechanismus in der Natur, wo der Degu durch seine braune Tarnfärbung und regloses Verharren mit der Umgebung verschmilzt und unentdeckt bleiben kann. Wenn Sie Degus halten, sollten Sie jetzt alles vermeiden, was das Tier nur noch mehr verunsichern könnte.

Gesträubtes Fell: Normalerweise liegt das Fell der Degus glatt an. Bei Aggression bzw. Angriff wird das Fell jedoch oft aufgestellt, wodurch der Degu größer wirkt und seinen Gegner zu beeindrucken versucht. Möglicherweise soll auf diese Weise ein Angriff verhindert werden. Ein gesträubtes Fell ist auch in Ruhephasen der Degus (z. B. beim „Gruppenkuscheln") zu beobachten, es kann ebenso Anzeichen einer Erkrankung sein.

Schwanzwedeln: Wenn der Degu den Schwanz hin und her bewegt bzw. etwas herauf und herunter, besagt das lediglich, dass der Degu wachsam und aufgeregt, aber nicht, ob er zufrieden oder angespannt ist oder sich gar bedroht fühlt. Schwanzwedeln zeigen Degus z. B., wenn zwei erwachsene Männchen aufeinander treffen und sich unbehaglich fühlen. Schwanzwedeln kann dann Aggression anzeigen oder Unterwerfung, je nach Situation. Bei einer Begegnung von Männchen und Weibchen bedeutet das Schwanzwedeln des Männchens, dass es erregt ist und vorsichtig prüft, ob eine Annäherung möglich ist.

Zwei Degus begegnen sich und beschnuppern sich im Nasen-Lippen-Bereich: Dies ist eine Art Begrüßungsgeste, der oftmals ein anschließendes Beknabbern an Kinn-, Wangen- und Halsbereich folgt. Sie dient auch der Prüfung, ob der Artgenosse zur eigenen Familie gehört oder nicht. Setzen Sie daher fremde Tiere nie unvorbereitet zu einer bestehenden Familie, das kann zu üblen und blutigen (und auch tödlichen) Auseinandersetzungen führen.

Ein Degu reitet von hinten auf einen anderen Degu auf und gibt fiepende Töne von sich: Dieses Verhalten wird oft mit einer Paarung verwechselt (und ähnelt in der Tat dem Paarungsverhalten), lässt sich aber durch den Beobachter von einer „echten" Paarung dadurch unterscheiden, dass sich die Tiere hinterher nicht die Genitalregion sauber lecken. Bei diesem Verhalten könnte es möglicherweise auch um Dominanz bzw. Familienzugehörigkeit gehen. Dieses als „Aufreiten" bezeichnete Verhalten ist geschlechtsunabhängig und als sozialer Kontakt wahrscheinlich Zeichen der Zuneigung. Allerdings tritt das Aufreiten auch bei sich streitenden Tieren auf, was man besonders gut bei der Vergesellschaftung von Degus beobachten kann: Durch Aufreiten zeigt das Alphatier seine Dominanz und unterwirft auf diese Weise den Herausforderer.

Degus liegen gemütlich beisammen und beknabbern sich gegenseitig an der Bauchseite, wobei sich die beknabberten Tiere teilweise genüsslich auf der Seite räkeln: Auch hier liegt eine Art von Sozialkontakt vor. Die Tiere fühlen sich wohl und zeigen so ihre Familienzugehörigkeit – gegenseitige Fellpflege dient also nicht nur der Putzhilfe für schlecht erreichbare Körperstellen. Übrigens werden Jungtiere, die nicht gleich auf dieses Beknabbern „anspringen", kurzerhand auf den Rücken gedreht und dann „bearbeitet". So lernen sie von klein auf diese Form der Kommunikation. Beim gegenseitigen Putzen werden auch Duftstoffe verteilt, was die Wiedererkennung von Familienmitgliedern ermöglicht.

Degus markieren bestimmte Orte mit Urin: Die Urinabgabe als Reviermarkierungsmittel geschieht an exponierten Plätzen (z. B. auf Steinen), die Markierungen werden häufig erneuert. Auch das Sandbad der Degus wird markiert. Zweck ist natürlich zum einen die Beanspruchung eines Reviers gegenüber benachbarten Degus, zum anderen dient Urin als individuelle Erkennung der Gruppenmitglieder bzw. anderer, familienfremder Degus. Urinduft ist also eine Art „Degu-Personalausweis". Wild lebende Degus, die planen, ein anderes Territorium zu erforschen, sollen sich vorher mit dem Gruppenduft der anderen Sippe, in die eingedrungen werden soll, tarnen/maskieren. So können sie in das fremde Territorium eindringen, ohne zunächst als Eindringling erkannt zu werden. Wenn der Degu in der neuen Gruppe akzeptiert ist, gibt es weniger Gelegenheit für Angriff und Zurückweisung.

Besprühen von Artgenossen mit Urin: Urin wird als Kommunikationsmittel zwischen Degus benutzt. Männliche Degus markieren häufiger als Weibchen. Während der Werbung heben Degu-Männchen manchmal ein Bein über den Rücken des Weibchens und besprühen es mit Urin. Dieses Verhalten bedeutet, dass das Männchen dieses Weibchen als Partnerin erwählt hat. Auch Weibchen zeigen dieses Verhalten und urinieren über Männchen (s. o.).

Aufgerichtete Degus, die versuchen, sich gegenseitig wegzuschieben und zu „boxen": Hier handelt es sich um Drohgesten, bevor es zu einem ernsthaften Streit kommt. Das Fell kann dabei gesträubt sein, und die Kontrahenten tapsen mit empörtem Gezeter umeinander herum, manchmal treten sie sich dabei

Kommentkämpfe zwischen Degus werden oft recht schnell beigelegt. Foto: N. Notzon

mit den Hinterfüßen. Wer diese Drohgeste missachtet, läuft Gefahr, Ziel eines Angriffs zu werden. Drohgesten oder Auseinandersetzungen finden nicht selten statt, um die Rangordnung beizubehalten bzw. zu verändern.

Degu zeigt dem Gegner das Hinterteil und hebt seinen Schwanz: Dieses Verhalten zeigt, dass sich der Degu bedroht fühlt und scheint eine andere Form der Unterwerfung zu sein. Durch das Zeigen des Hinterteils hofft der Degu, einen Angriff zu vermeiden. Das Hinterteil-Zeigen ereignet sich zwischen zwei männlichen Degus oder zwischen Männchen und Weibchen. Es kann eine aggressive Aktion (Angriff) folgen. Oft wird der Gegner das Tier besteigen, das sein Hinterteil zeigt. Der Aggressor zeigt/wahrt auf diese Weise Dominanz.

Rangeln, Boxen, Aufrichten mit dem Versuch, den anderen wegzuschieben, evtl. Tritte, Entblößen der Zähne, Gekreische, wilde Verfolgungsjagden und ernsthafte Verletzungen: Man unterscheidet zwei verschiedene Formen der Auseinandersetzung (vgl. IMMELMANN et al. 1996): Der Kommentkampf ist ein Prüfen der eigenen und der gegnerischen Kräfte,

jedoch kein „echter" Kampf; ein solcher Kommentkampf wird oft recht schnell beigelegt. Der Beschädigungskampf dagegen ist dazu da, den Gegner mit Gewalt (z. B. durch Verletzungen, die bis zum Tod führen können) auszuschalten. Diese Kampfform ist blutiger Ernst, und Sie als Degu-Halter müssen eingreifen und die Tiere unbedingt trennen, da der Unterlegene in einem Käfig nicht fliehen kann! Der Sieger der Auseinandersetzung wird den Schwächeren weiter verfolgen, weil er nicht „weiß", dass der Unterlegene nicht fliehen kann. Übrigens werden Degu-Männchen – obwohl es oft anders behauptet wird – durch eine Kastration nicht unbedingt ruhiger oder friedlicher.

Probebiss: Degus prüfen alles Neue daraufhin, ob es fressbar ist. Nach einem Probebiss lassen sie das Neue fallen oder verzehren es. Wer Finger durch die Gitterstäbe steckt, kann auch mit einem Probebiss rechnen, der zwar nicht gefährlich ist, aber unangenehm sein kann. Verwechseln Sie das nicht mit Bissigkeit, denn dem Degu geht es hier nicht darum, Sie zu beißen. Es ist – wie gesagt – lediglich ein Test!

Vergraben von Futter: Dieses an Eichhörnchen erinnernde Verhalten dient dem Anlegen von Vorräten. Viele Besitzer meinen, dass dieses Verhalten Futterverschwendung sei, und würden es gerne unterbinden. Das geht aber natürlich nicht. Degus buddeln nicht nur in der Einstreu, sondern fressen auch einst Vergrabenes, wenn sie es beim Graben wiederfinden. Es geht meist nur wenig verloren.

Degus wälzen sich mit schnellen Bewegungen im Sand: Das Sandbad ist für Degus, die ja nie im Wasser baden, sehr wichtig und unerlässlich, weil es überschüssiges Fett aus dem Fell zieht und es sauber hält.

Spielen und Lernen

Das Spiel dient u. a. zum zwanglosen Trainieren von Fitness und Koordination. Verhaltenswissenschaftler fanden heraus, dass die Lebensspanne, in der Tiere in Menschenhand spielen, länger ist als bei ihren wild lebenden Artgenossen. Hunde beispielsweise spielen bis ins hohe Alter. Auch bei meinen eigenen Degus konnte ich das feststellen. Junge Degus spielen mit Ausdauer, sie üben dabei ihre Geschicklichkeit, machen lustige Luftsprünge, verfolgen sich Haken schlagend. Bei Fangspielen übernimmt einer die Rolle des Jägers und der andere die des Gejagten, die Rollen werden oft gewechselt. Wird die Erschöpfung zu groß, ruhen die Tiere eng aneinander gekuschelt aus. Bei eigenen Beobachtungen bemerkte ich, dass es bei Degus deutliche Unterschiede in der „Auffassungsgabe" gibt, was zu keinem pauschalen Urteil über „Degu-Intelligenz" verleiten sollte. Im Vordergrund steht immer das Verhalten in bestimmten Situationen und das Umgehen mit neuen Herausforderungen. Gerade Nagetiere lernen durch Nachahmung von Vorbildern. Aber auch hier gibt es Individuen, die sich an keine Vor-

bilder halten und eigene Verhaltensweisen entwickeln. Interessant ist meine Beobachtung, dass Jungtiere mit stark ausgeprägtem Spielverhalten Eltern zu haben scheinen, die sich im Erwachsenenalter immer wieder an unterschiedlichste Umgebungsbedingungen anpassen mussten.

KOMMUNIKATION

Degus sind sehr kommunikativ und bedienen sich einer komplexen Sprache. In diesem Kapitel lernen Sie die wichtigsten „Degu-Vokabeln" kennen:

Zähnereiben: Wenn Degus ihre Zähne aneinander reiben, zeigt das zunächst einmal Erregung. Diese

Degus sind sehr kommunikativ.
Foto: C. Ehrlich

Auf einem „Aussichtsturm" wird nach Feinden gespäht und die Familie notfalls mit Pfiffen gewarnt. Foto: C. Ehrlich

Erregung kann Angst, Verärgerung, Unsicherheit oder die Reaktion auf eine Konfliktsituation bedeuten. Es kann, muss aber nicht zum Angriff oder Biss kommen. Degu-Babys zeigen Zähnereiben, wenn sie allein im Nest liegen und sich verlassen fühlen.

Mischung aus Zwitschern, Trillern und Gurgeln: Diesen Laut geben Degus bei freundlicher und nicht aggressiver Begegnung als Kontaktlaute ab, er ist auch bei der Paarung und beim freundschaftlichen Aufreiten zu vernehmen. Er bestärkt das Zusammengehörigkeitsgefühl.

Warnruf: Zweisilbiger Pfiff, der die übrigen Degus dazu veranlasst, entweder still zu verharren oder sofort ein Versteck aufzusuchen (dient also als Warnung). Männliche Degus rufen oft minutenlang nach erfolgter Paarung, möglicherweise, um andere Männchen zu „informieren", dass die Paarung stattgefunden hat.

Protestquieken: Lauter, hoher Schrei ähnlich dem Warnruf, zu hören, wenn ein Degu mit irgendetwas unzufrieden ist, wenn er eine Verletzung hat oder ihm ein Artgenosse zu sehr auf den Pelz gerückt ist.

Protestknurren: Ein tiefes, kehlig raues Geräusch (ähnlich dem Knurren von Hunden oder Katzen), das meist einen Angriff einleitet und von Zähnereiben begleitet wird.

Protestquäken: Dieser Laut ist zu hören, wenn Degus ihren Unmut äußern und z. B. allzu aufdringliche Artgenossen abwehren wollen, oft z. B. dann, wenn ein Degu etwas Leckeres frisst und ihm ein anderes Gruppenmitglied zu nahe kommt.

Feines, leises Gefiepe: Jungtiere suchen Kontakt untereinander oder zu Erwachsenen.

Hohes und recht lautes Fiepen: Die Jungen fühlen sich nicht wohl und wollen ihre Mutter herbeirufen. Es ist ein Verlassenheitssignal bzw. ein „Tu-mir-nichts"-Laut. Dieser Schrei ist durchdringend und verfehlt seine Wirkung nicht.

LEBENSERWARTUNG

In Südamerika stehen Degus auf dem Speiseplan vieler terrestrischer Raubtiere sowie diverser Raubvögel. Aus diesem Grund sind sie einer starken natürlichen Dezimierung ausgesetzt. Viele Degus (mehr als 90 %) werden aufgrund dieser Tatsache kaum älter als ein Jahr. In Menschenhand hingegen beträgt die Lebenserwartung 4–8 (durchschnittlich 5) Jahre.

FORTPFLANZUNG

GESCHLECHTSREIFE UND ZYKLUS

Die Geschlechtsreife tritt bei Degu-Weibchen mit 6–8 Wochen ein, bei Männchen dagegen erst mit rund drei Monaten. Der Zeitpunkt kann aber recht unterschiedlich sein, die Geschlechtsreife kann z. B. auch erst mit 20 Monaten erlangt werden (NOWAK 1999). Als Ursachen für eine spätere Geschlechtsreife wären möglicherweise ein Ernährungsmangel oder auch sozialer Druck innerhalb einer Gruppe denkbar. Während Degu-Männchen ihr ganzes Leben über für Nachwuchs sorgen können, dürfen Weibchen, die

„Aufreiten" ist ein sozialer Kontakt und darf nicht mit der Paarung verwechselt werden. Foto: N. Notzon

älter als 4–5 Jahre sind, wegen der großen Gefahr von Komplikationen während Trächtigkeit und Geburt nicht mehr verpaart werden. Die meisten Weibchen sollen bei Eintritt ihrer ersten Trächtigkeit ein Körpergewicht von rund 200 g erreicht haben (VANDERLIP 2001).

Angeblich werden Degu-Weibchen nur bei bestimmten Stimuli (Reizen) empfängnisbereit. Unter anderem muss auch ein Männchen zugegen sein (NOWAK 1999; FEHR et al. 2005); ohne Männchen also keine Paarungsbereitschaft. Degu-Weibchen besitzen somit keinen regelmäßigen Zyklus (WEIR 1974). In der empfängnisbereiten Zeit ist die normalerweise fest verschlossene Scheide (Vagina) des Weibchens etwas geöffnet, die äußeren Geschlechtsteile (Vulva) sind evtl. leicht geschwollen, und die Körpertemperatur kann leicht gestiegen sein. Manche Weibchen sind während des Zyklus aktiver als gewöhnlich. Die Zeit der eigentlichen Empfängnisbereitschaft ist mit gut drei Stunden recht kurz und entspricht der Zeit unmittelbar vor und nach dem Eisprung, der auch Ovulation genannt wird. Die Anzahl der zu erwartenden Jungen hängt von der Anzahl der Eier ab, die beim Eisprung frei werden; es können je Eisprung 1–10 Eier reifen, im Durchschnitt sind es 4–7.

WERBUNG UND PAARUNG

Bei der Werbung des Männchens um ein Weibchen setzt es verschiedene Mittel ein. Dabei sucht es engen Fellkontakt zum Weibchen, krault es mit seiner Schnauze beispielsweise unter dem Kopf, zeigt seitliches Schlängeln mit dem Schwanz, schnuppert an den Ausscheidungen des Weibchens (besonders am Urin), und es kommt zu vermehrten Nase-zu-Nase-Kontakten sowie zwischendurch zu gelegentlichem Piepsen in hoher Tonlage. Nun wird das Männchen immer wieder versuchen, das Weibchen zu bespringen. Wenn dieses aber noch nicht bereit ist, kann es unter Umständen sehr gereizt reagieren, indem es sich blitzschnell umdreht und dem Partner laut fiepend droht oder ihn sogar beißt. Gefolgt wird das Ganze oft von einer regelrechten Jagd, bis das Männchen schließlich die Paarung vollziehen darf, wobei die Begattung ca. 3–10 s dauert. Es finden mehrere Paarungen statt, nach denen Männchen und Weibchen ihre Geschlechtsteile durch Lecken säubern. Auch nach der Paarung ist ein hohes und sehr durchdringendes Fiepen des Männchens zu hören, das mitunter ein paar Minuten andauern kann. In dieser Zeit müssen unaufmerksame Männchen damit rechnen, dass sich auch andere Männchen in un-

Ein trächtiges Weibchen mit kugelrundem Bauch kurz vor der Geburt der Jungen. Foto: H. Schöning

beobachteten Momenten mit dem Weibchen paaren.

Wenn das empfängnisbereite Weibchen vom Männchen nicht (hinreichend) umworben wird, dreht es den Spieß kurzerhand um und fordert das Männchen zur Paarung auf. Dies geschieht durch zärtliches Beknabbern zum einen, zum anderen durch demonstratives Anheben des Hinterteils vor den Augen des Männchens, das sich dann meist nicht lange ziert und seinen „Pflichten" nachkommt. Es kann geschehen, dass zunächst desinteressierte Männchen vom Weibchen förmlich verfolgt und „genötigt" werden, was von lauten quietschenden Tönen beider Tiere begleitet sein kann.

Zur Einleitung der Paarung ist eine gegenseitige Annäherung notwendig, die neben dem sexuellen auch aggressives Verhalten auslösen kann (IMMEL-MANN et al. 1996). So kann es nach eigenen Beobachtungen geschehen, dass ein werbendes Degu-Männchen keinesfalls immer erfolgreich ist – trotz größter Anstrengungen und vermeintlicher Paarungsbereitschaft des Weibchens.

TRAGZEIT UND GEBURT

Die Tragzeit schwankt bei Degus zwischen 85 und 95 Tagen (also rund 90 Tage) und ist für Nagetiere ungewöhnlich lang. Dafür werden – wie bei Meer-

schweinchenverwandten üblich – weit entwickelte Junge geboren, die 10–16 g wiegen. Das Gewicht von Plazenta (Mutterkuchen) und Eihäuten beträgt etwa 8 g (ROBERTS & PERRY 1974).

In den ersten Wochen ist die Trächtigkeit des Weibchens nicht zu bemerken. Erst allmählich beginnen die sich entwickelnden Jungen mehr Platz einzunehmen. Ab der Hälfte der Trächtigkeit nimmt der Umfang zu, und das Weibchen bekommt an den Seiten starke Wölbungen.

Wirft das Weibchen nur ein oder zwei Junge, kann die Trächtigkeit unter Umständen bis zum Zeitpunkt der Geburt nicht bemerkbar sein (bei der Heimtierhaltung wird der Degu-Pfleger dann erst eines Tages durch die typischen Laute junger Degus auf den Nachwuchs aufmerksam). Wenn der Zeitpunkt der Geburt näher rückt und eine größere Anzahl von Jungtieren ausgetragen wird, verändert sich auch der Gang der Mutter, sodass die Fortbewegung watschelnde Züge annehmen kann. Kurz vor der Geburt, die gewöhnlich nachts oder frühmorgens stattfindet, wird das Weibchen unruhig und beginnt mit dem Nestbauverhalten. Es trägt Heu oder Ähnliches als Polsterung in die Höhle, die als Wurfnest ausgewählt worden ist. Die Geburt geht meist ohne Probleme vonstatten.

Trächtige und säugende Degu-Weibchen wurden in Zentralchile bisher hauptsächlich im September (dem Frühling der Südhalbkugel) gefunden, während sie in Nordchile im Februar, April und November Junge haben (NOWAK 1999).

Tragzeiten einiger Nager:

Degus	85 – 95 Tage
Meerschweinchen:	64–72 Tage
Ratten:	21–24 Tage
Hausmäuse:	18–21 Tage
Rennmäuse:	24–26 Tage

ENTWICKLUNG DER JUNGTIERE

Neugeborene Degu-Junge sind zum Zeitpunkt ihrer Geburt – wie bereits erwähnt – weit entwickelt und haben im Verhältnis zum Körper große Köpfe (mit einem weit entwickelten Gehirn) und große Füße, was durch diese Unproportioniertheit sehr lustig aus-

Manche Degu-Jungtiere erkunden schon am ersten Tag die Umwelt. Foto: P. Danzl

Degu-Junge werden schnell selbstständig. Foto: H. Schöning

sieht. Ihre Augen sind (halb) geöffnet, und die Kleinen tragen ein mehr oder weniger dichtes Fell, das meist am Bauch dünner ist und manchmal die rosige Haut durchscheinen lässt.

WUSSTEN SIE SCHON?

Degus als soziale Tiere benötigen das Aufwachsen in der Familie. Zahlreiche wissenschaftliche Untersuchungen belegen, dass eine soziale „Unterversorgung" sogar biochemisch messbare negative Einflüsse auf Entwicklung und Verhalten hat (z. B. BRAUN et al. 2003; POEGGEL et al. 2003). Andererseits konnte auch der positive Einfluss der mütterlichen Stimme auf die Entwicklung der Jungen biochemisch nachgewiesen werden (z. B. BRAUN & POEGGEL 2001; ZIABREVA et al. 2003).

Meiner eigenen Beobachtung nach sind Degu-Junge aus größeren Würfen durchschnittlich weniger weit entwickelt als solche aus kleineren Würfen. Trotz ihrer guten Entwicklung bei der Geburt können sich neugeborene Degus aber noch nicht selbst versorgen oder beschützen. In den ersten Lebenswochen brauchen sie daher ihre Eltern, die ihnen Nahrung, Schutz und auch Wärme geben, denn junge Degus können ihre Körpertemperatur in den ersten acht Lebenstagen noch nicht völlig aufrechterhalten bzw. selbst regulieren.

Die Jungen werden 3–6, durchschnittlich 3–4 Wochen lang gesäugt. Die Länge des Säugens scheint dabei vom Entwicklungszustand der Jungen abzuhängen, was bedeutet, dass ein großer Wurf nicht ganz so weit entwickelter Jungen länger gesäugt wird als ein kleinerer Wurf mit durchschnittlich weiter entwickelten Jungen. Degu-Jungtiere wechseln beim Säugen öfter die Zitzen. Oft liegen sie auf dem Bauch und trinken mit nach oben gerichtetem Kopf, manchmal liegen sie auch auf dem Rücken. Degu-Väter kümmern sich sehr gut um ihre Sprösslinge; kurz nach der Geburt hilft der Vater, die Kleinen zu wärmen, und bewacht das Nest. Der Degu-Vater wird stets von anderen Degu-Weibchen unterstützt, die ebenfalls die Jungen bewachen und wärmen. Wenn die Eltern sterben, werden die Jungen von anderen Müttern – sofern vorhanden – adoptiert und gesäugt.

Degu-Junge werden recht schnell erwachsen. Am ersten Tag bereits unternehmen sie unter Umständen erste Ausflüge in die nähere Umgebung. Sie können in diesem zarten Alter schon ihr Gesicht mit den Vorderpfoten „waschen". Am zweiten Tag kratzen sich die Kleinen bereits mit den Hinterpfoten. Mit drei Tagen erfolgt das Putzen des Gesichts mit den Vorderpfoten sehr zielsicher, und mit vier Tagen können die Jungen aufrecht sitzen. Fünf Tage alte

Junge Männchen müssen aus dem Käfig genommen werden, weil es sonst zu Kämpfen kommen kann. Foto: C. Ehrlich

Degus können schon gut laufen, rennen und springen, mit sechs Tagen putzen sie sich das Fell selbstständig, auch an der Unterseite (Bauch). Schon mit acht Tagen ist der Degu-Nachwuchs fast ausschließlich mit dem Spielen beschäftigt, das natürlich von Schlaf- und Erholungsphasen unterbrochen wird. Mit 14 Tagen nehmen die Kleinen ihre ersten Sandbäder.

Wenn die jungen Männchen von ihrer Mutter entwöhnt sind, „entscheidet" der Vater, ob die Söhne geduldet sind oder vertrieben werden müssen. Manche Väter verfolgen ihre Söhne so stark, dass es zu ernsthaften Verletzungen kommen kann. Es gibt aber auch Männchen, die ihre Söhne – im wahrsten Sinne des Wortes – ohne Murren und Knurren dulden. Generell müssen aber junge Männchen frühzeitig aus dem Käfig genommen werden, weil sie nicht – wie in der Natur – fliehen können.

In der freien Wildbahn entstehen neue Degu-Familien vermutlich dadurch, dass sich vom Vater vertriebene Männchen mit Weibchen zusammenschließen, die Gruppe verlassen und eine neue Familie gründen.

GRUNDSÄTZLICHES ZUR HALTUNG VON DEGUS

ÜBERLEGUNGEN VOR DEM KAUF

Tiere bedeuten Verantwortung

Wissenschaftler haben herausgefunden, dass Tiere dem Menschen an Leib und Seele gut tun, ihm bei der Stressverarbeitung helfen und sogar die Gesellschaft menschlicher machen können (KLIMKE 2000). Allerdings haben viele Menschen ein Haustier, um persönliche Defizite auszugleichen. Wer Degus zum ersten Mal sieht, kann sich ihrem possierlichen Aussehen und vielfältigen Verhalten sowie ihrer unbändigen Neugier kaum entziehen. Schnell wird der Wunsch wach, Degus zu pflegen. Und wenn dieser Wunsch nicht einer augenblicklichen Stimmung entspringt, sondern Sie ernsthaft planen, Degus ins Haus zu holen, müssen viele Punkte zum Wohl der Tiere (und auch zu Ihrem eigenen Wohl) bedacht werden. Denken Sie daran, dass ein voreiliges Anschaffen zur Qual für die Tiere wird, wenn die Vierre Natur verbietet sich von selbst, denn zum einen könnten die Degus qualvoll verhungern, erfrieren usw., zum anderen würden sie im Falle ihres Überlebens die einheimische Artenvielfalt empfindlich stören. Es gibt bereits exotische Tiere, die in den deutschen und europäischen Naturbüchern unter den heimisch gewordenen Arten geführt werden, wie z. B. das anpassungsfähige Streifenhörnchen (SCHÜRMANN 1990). Degus gehören nicht in unsere Natur: Aussetzen ist Tierquälerei und zudem verboten!

EINZEL-, PAAR- ODER GRUPPENHALTUNG?

Degus dürfen nie – auch nicht ausnahmsweise! – allein gehalten werden. Degus sind sehr soziale Tiere, die sich nur im Gruppenverband mit Artgenossen – also nicht (!) mit Meerschweinchen, Kaninchen, Chinchilla usw. – wohl fühlen: Einzelhaltung oder Vergesellschaftung mit anderen Tieren bedeuten Isolationshaft und ist Tierquälerei! Kaufen Sie wenigstens zwei Degus, besser aber eine Gruppe von 3–5 Tieren. Achten Sie darauf, dass alle dasselbe Geschlecht besitzen, wenn Sie nicht züchten wollen. So kann unerwarteter Nachwuchs nicht zum Problem werden (andernfalls Männchen vom Tierarzt kastrieren lassen). Am besten haltbar sind Gruppen von gleichgeschlechtlichen Geschwistern eines Wurfes, die von klein auf miteinander aufgewachsen sind, oder Gruppen, die aus einem kastrierten Männchen und 2–3 Weibchen bestehen. Gruppen aus mehreren Männchen mit einem oder mehreren Weibchen sind abzulehnen, da heftige Kämpfe der Männchen um die Degu-Dame(n) vorprogrammiert sind. Bedenken Sie außerdem, dass eine wahllose Zucht von Degus vollkommen unnötig und für die Tiere sogar gefährlich ist! Es gibt in vielen Regionen Deutschlands genügend Nachwuchs, der auf ein gutes Zuhause wartet. Rufen Sie auch Tierheime in Ihrer Umgebung an, dort freut man sich sicher sehr, Degus in gute Hände abgeben zu können.

Übrigens: VERHOEF-VERHALLEN (2002) empfiehlt zwar keine Einzelhaltung, verurteilt sie aber auch nicht und sagt, dass man sich bei Einzelhaltung mindestens eine Stunde pro Tag mit den Tieren beschäftigen soll, um Verhaltensstörungen vorzubeugen. Ein soziales Tier aber, das statt Artgenossen eine einstündige artfremde Gesellschaft bekommt, ist verurteilt, in

Nichts ist vor jungen Degus sicher, alles ist für sie ein Abenteuer und wird erkundet. Foto: C. Ehrlich

einer nach ihrer Ankunft schnell wieder abgegeben werden müssen, weil Ihre Mitbewohner doch keine Tiere akzeptieren oder aber Rennmäuse, Wellensittiche oder Katzen plötzlich interessanter erscheinen. Tiere eignen sich daher auch nicht als Geburtstags- oder Weihnachtsgeschenke! Sie sind keine Gegenstände, die beliebig oft getauscht werden können bzw. dürfen. Wer ein Tier halten möchte, übernimmt von seiner Anschaffung bis zu seinem Tod die Verantwortung für dieses Lebewesen!

Mietrecht

Die Haltung von Kleintieren wie Goldhamstern, Meerschweinchen, Kaninchen, Schildkröten, Fischen und Ziervögeln ist in Mietwohnungen immer gestattet, darüber sind sich auch die Gerichte einig (BORN & WÜRTH 2003). Die Kleintierhaltung ist unter dem Vorbehalt erlaubt, dass die Tiere den Hausfrieden nicht stören, also nicht durch Lärm- oder Geruchsbelästigung auffallen. Allerdings ist die Auffassung der Gerichte darüber, was ein Kleintier ist, sehr unterschiedlich, denn für die meisten Gerichte zählen beispielsweise Ratten als so genannte „Ekeltiere" nicht dazu! Also Vorsicht bei Degus, sie könnten als „rattenähnlich" eingestuft werden und zu juristischen Problemen führen. Fragen Sie daher vor der Anschaffung im Zweifelsfalle Ihren Vermieter.

Aussetzen

Unerwünschter (aber auch erwünschter) Nachwuchs kann schnell zur Last werden. Ein Aussetzen in unse-

So gemütlich und „gesittet" kann es zugehen, wenn alle ein Leckerchen genießen … Foto: N. Notzon

Einsamkeit dahinzuvegetieren. Das ist wirklich nicht tiergerecht und unter allen Umständen zu vermeiden!

DEGUS UND ANDERE HAUSTIERE

Alles, was Degus erschreckt oder bei ihnen als potenziell gefährlich eingestuft wird, löst ein angeborenes Fluchtverhalten aus. Dieses Fluchtverhalten wiederum kann bei anderen Haustieren (z. B. Hunden und Katzen) einen Jagdtrieb auslösen, was Degus – wenn sie mit diesen Tieren gemeinsamen Auslauf haben – zum Verhängnis werden kann. Auch das „Pföteln" von Katzen ist für Degus gefährlich. Überhaupt sollten große Haustiere nicht zu nah an den Käfig gelassen werden, weil sie Degus verschrecken und ängstigen können. Auch Vögel, die im Degu-Zimmer ihren Freiflug genießen und sich auf dem Degu-Käfig niederlassen, können Degus durch das so genannte Greifvogelschema an Raubvögel erinnern und in Angst und Schrecken versetzen.

Immer und immer wieder werden artfremde Tiere vergesellschaftet, wie z. B. Kaninchen und Meerschweinchen, Degus und Mäuse usw. Meines Erachtens gibt es keine vernünftigen Argumente, die für eine solche Vergesellschaftung sprechen. Eine Vergesellschaftung artfremder Tiere verhindert eine Kommunikation zwischen Artgenossen und führt zu Verhaltensstörungen, und zwar bei allen beteiligten Tierarten. Abgesehen davon gibt es kein universelles

Tierfutter, das Kaninchen, Meerschweinchen, Degus, Ratten, Hamster, Mäuse, Rennmäuse usw. gleichermaßen artgerecht ernährt. Degus fressen zwar (fast) alles, was man ihnen vorsetzt, dennoch bekommen ihnen die wenigsten Futtersorten. Artgerechte Tierhaltung bedeutet auch, dass die Tiere neben dem richtigen Futter Gesellschaft durch Tiere derselben Art geboten bekommen (Degu zu Degu, Maus zu Maus usw.). Beides ist nicht sichergestellt, wenn die unterschiedlichsten Tiere zusammen gehalten werden. Degus würden mit Sicherheit aus dem Fressnapf für Mäuse naschen, selbst wenn artgerechtes Degu-Futter im selben Käfig stehen würde. Wie sollten sie es auch besser wissen?

DEGUS UND KINDER

Degus sind keine Schmusetiere und daher für Kinder nicht uneingeschränkt zu empfehlen. Kinder benötigen Hilfe bei der Pflege von Degus, daher sollten also die Eltern auch ein Interesse an den Tieren haben. Erst Kinder im Alter von 14–16 Jahren bringen meiner Erfahrung nach die nötige Geduld und Zurückhaltung im Umgang mit „nicht kuschelbaren und nicht herumschleppbaren Tieren" auf und können sich auch für das Beobachten der Tiere begeistern bzw. mit der Häufigkeit von Fell-zu-Haut-Kontakten begnügen, die die Degus (und niemand sonst) vorgeben. Haben Sie jüngere Kinder, können Sie diese in die Pflege mit einbeziehen, indem Sie ihnen altersgerechte Aufgaben unter Ihren wachsamen Augen zuteilen.

UNTERBRINGUNG IN DER URLAUBSZEIT

Degus sollten nicht mit in den Urlaub genommen werden. Lange Fahrten, fremdes Terrain, unbekannte Geräusche und Gerüche sind ihnen zu ersparen. Bitten Sie daher Freunde, Bekannte, Verwandte oder Nachbarn um die Versorgung Ihrer Tiere. Auch Anzeigen in Tageszeitungen und im Internet sowie ein Anruf beim örtlichen Tierschutzverein oder Tierarzt können erfolgreich sein. Es gibt inzwischen viele hilfsbereite Tierbesitzer, die gerne Tiere versorgen; sie können sich „revanchieren", wenn der andere Tierhalter in Urlaub geht und Sie dann im Gegenzug seine Pfleglinge versorgen. Auch einige Zoohandlungen nehmen Tiere zur Urlaubsbetreuung auf. Achten Sie aber unbedingt auf eine Vertrauen erweckende Zoohandlung; wie man eine solche erkennt, erfahren Sie in den Kapiteln „Wo bekommt man Degus?" und „Augen auf bei der Anschaffung". Generell sollten Sie daran denken, dem Tier keinen Ortswechsel zuzumuten, daher kommen Zoohandlungen, Pensionen etc. nur als letzter Ausweg in Frage.

Geben Sie Ihrer Urlaubsbetreuung eine gründliche Einweisung. Beantworten Sie geduldig alle Fragen des Tierbetreuers. Bedenken Sie, dass es ein wahrer Albtraum für jeden Tierpfleger ist, wenn die ihm anvertrauten Tiere in Ihrer Urlaubszeit krank werden sollten; hinterlassen Sie deshalb für alle Fälle einen Zettel mit folgenden Angaben:

• Urlaubsadresse und Telefonnummer
• Telefonnummer des Tierarztes
• Angaben dazu, was im Notfall zu veranlassen bzw. wer zu verständigen ist
• Ernährungsplan mit detaillierten Informationen, was wann wie und in welcher Menge verfüttert werden soll

PASSEN DEGUS WIRKLICH ZU MIR?

Sicher wäre es schön, ein neues Haustier oder überhaupt ein Tier zu bekommen, doch sind Degus die geeigneten Haustiere für Sie? Hand aufs Herz! Bei der Entscheidung helfen Ihnen folgende Fragen:

• Entspringt die Anschaffung keiner augenblicklichen Stimmung? Wenn Sie Degus haben und sie Ihnen nicht zusagen, können Sie die Tiere nicht einfach weggeben oder wie einen Toaster umtauschen: Degus mögen keine häufigen Besitzer- und Umgebungswechsel, da diese stets mit Stress und Angst verbunden sind.
• Sind Sie bereit, die Verantwortung für die Tiere zu übernehmen, so lange diese leben? Degus können über acht Jahre alt werden.
• Sind alle Familienmitglieder einverstanden, dass Degus einziehen sollen?
• Haben Sie im Hinterkopf, dass Degus keine Kuscheltiere und daher nur eingeschränkt für Kinder geeignet sind? Sind Ihre Kinder für Degus alt genug (über 14), damit weder die Degus „überbeansprucht" noch die Kinder enttäuscht werden?
• Regiert niemand in der Familie auf Tierhaare allergisch?
• Ist die Sache mit dem Mietrecht geklärt (s. o.)?
• Fühlt sich niemand durch eine geringe Geruchsbelästigung und ggf. Staub- und Schmutzentwicklung gestört?
• Wollen Sie wirklich Zeit für die Pflege sowie Geld für Anschaffung, Futter und – teils erhebliche – Tierarzthonorare investieren?
• Haben Sie Platz für den großen Käfig, den Degus nun einmal brauchen?
• Können Sie es verkraften, wenn Degus beim Freilauf gelegentlich Tapeten, Möbel u. a. anknabbern?
• Ist es für Sie akzeptabel, wenn Einstreu und Sand aus dem Käfig geschleudert werden?
• Sind Sie sich darüber bewusst, dass Degus nicht so zahm und anhänglich werden wie Hunde?
• Können Sie eine angemessene und tiergerechte Urlaubsversorgung Ihrer Tiere garantieren?
• Können für evtl. fehlende Antworten auf die Fragen Lösungen gefunden werden?

Foto: C. Ehrlich

Käfig-Anforderungen: geräumig, mehrere Etagen, viele Beschäftigungsmöglichkeiten Foto: C. Stehr

BEHAUSUNG UND AUSSTATTUNG

Auf die Behausung und ihre Einrichtung sollte besonderes Augenmerk gerichtet werden, damit es Ihnen nicht so wie BREHM (1973) ergeht. Er konnte sich mit Degus „nicht befreunden", weil die Tiere weder zutraulich wurden noch ein interessantes Verhalten zeigten. Degus blühen erst auf, wenn die Haltungsbedingungen stimmen. Hierzu gehört zunächst ein geräumiger Käfig, um den es im Folgenden geht.

VOLIERE, KÄFIG, TERRARIUM ODER AQUARIUM?

Selbst der größte Käfig kann Bewegungsbedürfnis und Entdeckerdrang Ihrer Nager nicht wirklich befriedigen, daher muss der Käfig so groß wie irgend möglich sein: Ein kleiner Käfig mit Minimalausstattung ist für Degus tabu! Bedenken Sie, dass Degus in ihrer Heimat jeden Tag mehrere Kilometer zurücklegen können, und sparen Sie daher beim Kauf der Behausung nicht am falschen Ende. Degus werden Ihnen ein geräumiges Zuhause mit ihrer unwiderstehlichen Art danken, und nur gesunde und muntere Tiere bereiten auch Ihnen letztlich Freude! Aber achten Sie beim Kauf auch auf einen gewissen Komfort für Sie als Halter: So sollte das Degu-Heim auf der einen Seite erschwinglich und auf der anderen Seite leicht zu reinigen sein, gute Beobachtungsmöglichkeiten bieten und natürlich ausbruchsicher sein.

Da es keine speziellen Degu-Käfige gibt, müssen Behausungen für andere Tiere umgestaltet und auf die Bedürfnisse der Degus eingerichtet werden. Grundsätzlich kann der angehende Degu-Halter zwischen fünf Möglichkeiten wählen: Voliere, Nagerkäfig, Aquarium, Terrarium oder Selbstbau.

Voliere

Gut geeignet ist eine ausbruchsichere Vogelvoliere mit den Mindestmaßen 100 x 50 x 150 cm (Breite x Tiefe x Höhe) für 3–5 Degus, wenn diese Voliere mit zusätzlichen Etagen aus unbehandeltem Holz und vielen Spielmöglichkeiten und Verstecken eingerichtet wird. Achten Sie darauf, dass die Gitterabstände nicht zu groß sind, also weniger als 2 cm betragen, damit die Tiere nicht entwischen können (Gitterabstand bei Nachwuchs: maximal 1 cm). Grundsätzlich gilt, dass sich Degus sehr schlank machen und durch erstaunlich kleine Ritzen quetschen können. Kann ein Degu seinen Kopf durch die Gitter stecken, folgt der Rest des Körpers ohne Mühe!

Wählen Sie einen Käfig mit großen Türen, damit Sie ihn mit Ästen, Steinen, Etagen etc. bereichern können. Achten Sie darauf, dass er keine spitzen Kanten, Lötstellen, Nägel, Schrauben und Klammern aufweist, an denen sich die Degus verletzen könnten.

Die Vogelvoliere sollte eine leicht zu reinigende Zink- oder Aluminiumwanne mitbringen. Ein evtl. waagerecht über der Bodenwanne angebrachter Gitterrost muss entfernt werden, da sich Degus beim unnatürlichen Laufen auf Gittern schwere Fußerkrankungen zuziehen können. Außerdem können sie so nicht buddeln und wühlen, was sie aber hingebungsvoll tun, weshalb ihnen dieses Verhalten unbedingt ermöglicht werden sollte.

Praktisch sind Käfige, deren Rahmen aus silber eloxiertem Aluminium oder Stahlblech bestehen und daher nicht zernagt werden können. Die Gitterstäbe dürfen nicht kunststoffbeschichtet sein, da die abge-

Degu-Käfige müssen sehr stabil gebaut sein.
Foto: A. Neumann

Handelsübliche Käfige sind selten nage- und damit ausbruchssicher. Foto: A. Neumann

knabberten und evtl. geschluckten Plastikbeschichtungen sonst u. U. schwere Gesundheitsschäden verursachen können. Als Gitterstäbe kommen mehrfach feuerverzinkte Varianten in Frage oder aber solche, die mit ungiftigem Lack, z. B. „Babylack", behandelt wurden.

Die Nachteile einer Voliere bestehen darin, dass Einstreu aus dem Käfig geschleudert werden kann und ein Beobachten der Tiere „nur" durch die Gitterstäbe möglich ist. Das Herausscharren von Einstreu kann allerdings leicht verhindert werden, wenn der untere Bereich der Volierenseitenwände von außen mit Plexiglas oder Hartplastikplatten abgedichtet wird. Die Abdichtung muss selbstverständlich noch eine ausreichende Luftzirkulation ermöglichen. Außerdem ist darauf zu achten, dass die Platten nicht so dicht am Käfig angebracht sind, dass die Degus mit ihren Nagezähnen durch die Gitter das Material anknabbern und Stücke davon verschlucken können. Dies hätte lebensgefährliche Komplikationen zur Folge.

TIPP: FARBE DER GITTERSTÄBE

Wählen Sie dunkle Gitterstäbe, da die Tiere hinter hellen, glänzenden oder weißen Gitterstäben schlechter zu erkennen und daher auch schlechter zu beobachten sind.

Nagerkäfig

Die meisten handelsüblichen Nagerkäfige (z. B. für Mäuse- oder Hamster) sind viel zu klein und außer-

dem meist nicht nage- und ausbruchsicher. Plastikwannen werden von Degus in Sekundenschnelle zernagt, und ein einmal ausgebrochener Degu macht dann in der Wohnung auch vor Möbeln, Kabeln, Büchern etc. keinen Halt. Um böse Überraschungen zu vermeiden, sollten Sie schon beim Kauf Käfige auf ihre „Nagezahntauglichkeit" hin überprüfen.

Terrarium

Wenn Sie sich für ein Terrarium entscheiden, achten Sie unbedingt auf einen guten Luftaustausch und darauf, dass alle Leisten und Lüftungsgitter aus unzernagbarem Material bestehen bzw. mit zusätzlichen Glasleisten vor den Nagezähnen geschützt sind. Achtung: Degus können dünnes Blech – insbesondere Lochblech – durchknabbern! Ein Terrarium sollte außerdem nur von der Seite zu öffnen sein, weil das Von-oben-Hineingreifen die Tiere an Raubvögel erinnert und sie in Angst und Schrecken versetzt. Kaufen sie aber kein Terrarium mit einer seitlichen Falltür, weil diese selbst bei vorsichtigem Gebrauch schnell zum Verhängnis werden und Degus durch Einquetschen lebensgefährlich verletzen könnte.

Die Vorteile eines Terrariums liegen auf der Hand: gute Sicht und ungestörte Beobachtungsmöglichkeiten, Staubreduzierung, kein Herausschleudern von Einstreu und dergleichen. Die Nachteile eines gewöhnlichen „Reptilien-Terrariums": eine unter Umständen nicht ausreichende Luftzirkulation (Schimmelgefahr sowie erhöhte Konzentrationen von CO_2 und Ammoniak durch die Urinausscheidungen und dadurch bedingte Atemwegsreizungen

Ein Aquarium kann als Unterbau dienen, der über Röhren mit weiteren Käfigen verbunden ist. Foto: N. Notzon

bzw. -erkrankungen), Unfälle durch aus zernagten Schienen herauskippende Scheiben, Erkrankungen oder Verletzungen durch Abknabbern von Kunststoffschienen, schnell verschmutzte Scheiben, schwieriges Anbringen der Wassernippelflasche, weniger Gestaltungsmöglichkeiten.

Eine weitere Gefahr, die besonders Reptilien-Terrarien bergen: Wenn die untere Lüftungsfläche waagerecht hinter den Schiebescheiben liegt und somit belaufen werden kann, können Degus beim Abspringen mit den Krallen im Gitter hängen bleiben, was dann zu üblen Verletzungen führt. Eine solche Lüftungsfläche kann außerdem durch Wühlen schnell unter einer Schicht Einstreu „vergraben" werden, sodass die Lüftungsfläche dann ihren Zweck nicht mehr erfüllt. Sinnvoll und praktisch ist daher die Anschaffung von Kleinsäuger-Terrarien, die für die speziellen Bedürfnisse der Nager konstruiert sind. So umgehen Sie zum einen die erwähnten Gefahren der Reptilien-Terrarien und sparen außerdem kostspielige Umbauten. Detaillierte Informationen und Tipps zu Kleinsäuger-Terrarien finden Sie im Ratgeber „Kleinsäuger im Terrarium" (EHRLICH 2003).

Aquarium
Oftmals werden auch Aquarien als Unterbringung empfohlen. Ich möchte Ihnen jedoch davon abraten, da hier die Luftzirkulation in den allermeisten Fällen ungenügend ist. Die Belüftung wird übrigens noch schlechter, wenn das Aquarium mit Etagen eingerichtet werden soll. Abgesehen davon müssen Sie, um die Tiere zu versorgen, ständig von oben in das Aquarium fassen, was – wie schon gesagt – entsprechende Panik auslöst.

Wenn Sie aber dennoch ein Aquarium anschaffen wollen, gilt als Faustregel für die Maße: nicht höher als tief. Als Abdeckung verbietet sich selbstverständlich eine Glas- oder Plastikplatte; es muss ein Gitter verwendet werden, das die notwendige Belüftung gewährleistet und die hervorragend springenden Degus nicht entwischen lässt.

Die Vorteile eines Aquariums sind denen eines Terrariums ähnlich, die Nachteile ähneln denen eines Reptilien-Terrariums. Außerdem gestaltet sich das Anbringen von Heuraufe und Wassernippelflasche noch schwieriger. Auch muss das Problem der ausbruchsicheren Abdeckung des Aquariums gelöst werden.

Aquarien können Unfälle durch kippende Scheiben verursachen. Daher dürfen nur rahmenlose Aquarien verwendet werden, weil bei Rahmenaquarien die Scheiben mit bleihaltigem Kitt eingesetzt sein könnten, der Degus beim unvermeidlichen Herausnagen aus den Fugen vergiftet. Das Silikon, mit dem die Scheiben der rahmenlosen Becken verklebt sind, ist hingegen für die Tiere unschädlich.

DEGU-KÄFIG IM EIGENBAU

Wenn Sie handwerklich geschickt sind, können Sie auch einen Degu-Käfig im Eigenbau herstellen. Das bietet natürlich den unschätzbaren Vorteil, dass Sie den Käfig Ihren Wohnverhältnissen (z. B. Nischen, Dachschrägen) anpassen können. Verwenden Sie für Grundgerüst und Etagen aber nur chemisch unbehandeltes, nicht lackiertes oder gebeiztes Holz. Dieses muss selbstverständlich gut abgelagert sein und darf nicht mehr harzen. Alle Holzkanten sollten durch Glas- oder Metallleisten vor den Nagezähnen geschützt werden. Holz bietet den Vorteil, Einrichtungsgegenstände festschrauben und an beliebigen Stellen zusätzliche Etagen anbringen zu können. Für ausbruchsichere Seitenwände empfiehlt sich die Verwendung kunststoffbeschichteter Spanplatten. Je glatter die Wände, desto weniger können die Nagezähne „greifen" und sich einen Weg in die Freiheit Ihrer Wohnung nagen. Alternativ können Sie auch unbeschichteten Volierendraht verwenden, den Sie z. B. im Vogel-/Volierenhandel finden.

Äste, Brücken und andere Einrichtungsgegenstände bieten viel Abwechslung. Foto: N. Notzon

Treppen verbinden die Etagen miteinander und verhindern „Abstürze". Foto: N. Notzon

Fürs Laufrad gilt: mindestens 30 cm Durchmesser, geschlossene Lauffläche, kein Schereneffekt. Foto: N. Notzon

Kork- und Holzröhren sind als Einrichtung für den Degu-Käfig gut geeignet. Foto: K. Kunz

ANFORDERUNGEN AN DEN DEGU-PALAST

Einrichtung

Lassen Sie bei der Einrichtung des Degu-Käfigs Ihrer Fantasie freien Lauf und probieren Sie verschiedene Möglichkeiten aus. Seien Sie kreativ bei der Innenarchitektur! Aber bitte denken Sie daran, dass alle Einrichtungsgegenstände sicher montiert werden müssen, damit Degus nicht durch herabfallende Etagen, Steine, Schalen etc. verletzt oder gar erschlagen werden.

Vergrößern Sie die Grundfläche Ihrer Degubehausung durch den Einbau von Etagen. Achten Sie aber darauf, dass sich die Plattformen überlappen, damit ein Degu nie tiefer als eine Ebenenhöhe abstürzen kann. Hilfreich können außerdem Umrandungen sein, damit Streu und/oder Zubehör nicht herunterfallen. Mit Metallleisten geschützte Etagenränder sorgen dafür, dass die Degus die Ebenen nicht in Windeseile zernagen.

Degus brauchen mehrere Häuschen für den Rückzug, besonders dann, wenn es mal Missstimmung untereinander gegeben haben sollte und sich die Tiere aus dem Weg gehen wollen. Gut geeignet sind Nymphensittich-Brutkästen oder ausgehöhlte Baumstämme (aus dem Vogelbedarfs-Handel), die auch gleich als Knabbermaterial dienen. Wenn Sie Ziegelsteine hufeisenförmig und kippsicher/unverschiebbar anordnen und mit einer Steinplatte abdecken, entsteht eine Höhle, die bei Ihren Degus sicher sehr beliebt sein wird. Wer lieber fertige Verstecke kaufen möchte, findet im Fachhandel zahlreiche

Ein Sandbad entzieht dem Fell überschüssiges Fett und ist ein Muss für Degus. Foto: C. Ehrlich

Häuschen, Röhren und Ähnliches. Aber auch hier darf nichts aus Plastik bzw. Kunststoff bestehen!

Behälter/Schalen

Futter- und Sandbadbehälter müssen schwergewichtig sowie einfach zu reinigen sein und sollten daher am besten aus Ton oder Porzellan bestehen.

Bei Degus haben sich Wasserschälchen nicht bewährt, weil diese innerhalb kürzester Zeit verschmutzt oder umgeworfen sind. Das auslaufende Wasser begünstigt Schimmelbefall. Kaufen Sie daher Wassernippelflaschen, die sich von außen an den Querverstrebungen des Käfigs befestigen lassen. Wichtig ist eine Schutzplatte (z. B. aus Holz oder dickem Blech) zwischen Nippelflasche und Käfig, da Degus keine Möglichkeit unversucht lassen, die Flasche abzumontieren oder mit ihren Zähnen ein Loch hineinzuknabbern, was wiederum zu lästigen Überschwemmungen führen kann.

Einstreu

Verwenden Sie als Einstreu chemisch unbehandelte und unparfümierte Weichholzspäne und bitte weder Torfmull (Staub!) noch Katzenstreu (giftig!). Seien Sie mit der Einstreuhöhe nicht zu geizig und geben Sie eine 5–10 cm hohe Schicht in den Käfig. Degus wühlen gerne, und das macht nur Spaß, wenn es auch etwas zu kratzen gibt: Kinder sitzen auch nicht gern in einem Sandkasten, in dem nur eine wenige Zentimeter tiefe Sandschicht vorhanden ist …

Grundnahrungsmittel für Degus ist Heu, das sie aber auch gerne zum Polstern ihrer Höhlen verwenden. Daher muss frisches Heu jederzeit zur Verfügung stehen.

Äste

Neben Etagen zur Vergrößerung der Käfiggrundfläche benötigen die geschickten Degus Kletteräste, die einen Durchmesser von rund 5–10 cm haben sollten. Durch Benagen der Äste schleifen die Degus ihre permanent nachwachsenden Zähne ab, zum anderen werden durch das Laufen auf Holz die Krallen abgenutzt. Einen ähnlichen Effekt für die Krallen haben Backsteine mit ihrer rauen Lauffläche, die Sie daher zusätzlich anbieten sollten.

HABEN SIE AN ALLES GEDACHT?

Die folgende kleine Liste enthält die für ein Degu-Heim benötigten Dinge:
• ausbruchsicherer Käfig (mit mehreren Etagen bestückt)
• Einstreu und Nistmaterial (z. B. unbehandelte und unparfümierte Holzspäne, Heu, Stroh)
• Klettermöglichkeiten (z. B. Steine, Äste, Wurzeln, Holzetagen)
• mehrere Versteckmöglichkeiten (z. B. Holzhäuschen, Tonröhren, große Rindenstücke, Steinhöhlen)
• Nagemöglichkeiten (z. B. Äste, siehe auch Kapitel „Ernährung und Fütterung")
• Sandbad (schwerer Tonbehälter mit Chinchillasand)
• Futter- und Wassergefäße (z. B. aus Steingut für das Futter und Nippelflasche für das Wasser)
• frisches Heu als Grundnahrung und zur Polsterung der Nester
• kein Plastik/Kunststoff im oder am Käfig

TIPP: EINRICHTUNGSGEGENSTÄNDE IM DOPPELPACK

Bestimmte Dinge, wie Fressnäpfchen oder Nippelflaschen für Wasser, sollten doppelt vorhanden sein, um Ersatz parat zu haben, falls etwas kaputtgeht oder ein Ersatzkäfig eingerichtet werden muss.

STANDORT

Die Wahl eines geeigneten Käfigstandorts ist sehr wichtig, damit sich Ihre Tiere wohl fühlen und Sie Freude an ihnen haben.

Das Zimmer, in dem Ihre Degus künftig wohnen sollen, muss zug- und rauchfrei sein. Vermeiden Sie unbedingt Lärm, laute Musik, Überhitzung/Unterkühlung und starke Kochdünste. Es eignet sich ein helles Zimmer mit einer Temperatur von 20–23 °C. Der Käfig darf nie in der prallen Sonne oder am Heizkörper stehen (Tiere können der Wärme nicht ausweichen). Täglicher Sonneneinfall auf eine Ecke des Käfigs (nicht auf den ganzen Käfig!) ist dagegen sehr positiv, da die Tiere gerne Sonnenbäder nehmen und diese für ihr Wohlbefinden benötigen.

Der Käfig sollte weder mitten im Raum stehen (als Rückendeckung ist eine Wand optimal) noch auf dem Boden oder auf einem hohen Schrank; ideal ist Augenhöhe. Dann erschrecken die Tiere am wenigsten, wenn Sie herantreten, weil es Sie als Mensch nicht „übergroß" macht. Ein Über-den-Käfig-Beugen

erinnert Degus an die Bedrohung durch Greifvögel und muss vermieden werden.

TIPP: GEFAHREN FÜR DAS TERRARIUM

Haben Sie das Terrarium oder Aquarium mit schwerem Dekorationsmaterial wie z. B. Steinen eingerichtet, stellen Sie es nicht auf „nacktes" Holz. Eine Unterlage aus Schaumstoff oder Styropor zwischen Terrarium und Holzunterlage schützt vor Spannungen, die durch ein einziges Sandkorn entstehen und zum Platzen des Glases führen können. Zudem sorgt sie dafür, dass der Glasboden nach unten isoliert ist.

KAUF UND EINGEWÖHNUNG

WO BEKOMMT MAN DEGUS?

Grundsätzlich gibt es vier Möglichkeiten, um Degus zu bekommen:

Zoofachgeschäft

Dies ist die einfachste Möglichkeit des Degu-Kaufs. Nicht alle Zoohandlungen haben allerdings bereits Degus. Fragen Sie unter Umständen nach, ob sie Ihnen einen seriösen Züchter empfehlen können, bei dem die Tiere beurteilt und direkt gekauft werden können. Es ist nicht gut, die Degus zu „bestellen", weil Sie dann die gelieferten Tiere vor dem Kauf nicht begutachten können. Bitte lassen Sie sich keine Degus per Versand schicken – das wäre für Degus eine Qual.

Privathalter

Vielleicht kennen Sie jemanden, der Degus hält oder einen Degu-Halter empfehlen kann. Dann wäre die Beschaffung einfach, falls es dort Nachwuchs gegeben haben sollte. Das hat auch den Vorteil, dass die Tiere oft von Anfang an zahm – oder wenigstens zahmer – sind. Außerdem können Sie sich über die Haltung informieren bzw. Fragen klären und zudem die Haltungsbedingungen des Züchters kritisch in Augenschein nehmen.

Kleinanzeigen

Ein Blick in Kleinanzeigen von Tierzeitschriften lohnt sich, denn hier werden oft Degus aus privaten

Nachzuchten bzw. „Unfällen" (Kauf trächtiger Weibchen, falsche Geschlechterbestimmung im Rahmen „Weibchen entpuppte sich doch als Männchen") gegen eine kleine Schutzgebühr angeboten. Sehr hilfreich ist hier das im Natur und Tier - Verlag erscheinende Kleinsäuger-Fachmagazin RODENTIA, das zweimonatlich erscheint und stets einen Kleinanzeigen-Teil veröffentlicht.

Achten Sie auch auf Hinweise zu Tierbörsen im Internet oder in einschlägigen Fachzeitschriften wie der RODENTIA. Solche Börsen genießen oftmals keinen guten Ruf: Man wirft ihnen vor, Tiere nicht artgerecht unterzubringen, weil nur der Verkauf im Vordergrund stehe. Inzwischen finden aber auch Börsen statt, bei denen die Tiere entsprechend untergebracht, gefüttert und betreut werden. Hier gibt es dann für Interessenten auch die Möglichkeit, sich umfassend zu informieren und Kontakte zu erfahrenen Haltern und Züchtern zu knüpfen. Aber dennoch die Bitte: Unterstützen Sie grundsätzlich keine Börsen, die sich nicht an den Bedürfnissen der Tiere orientieren!

Tierheim

Besonders schön wäre es, wenn Sie Degus aus Tierheimen ein gutes neues Zuhause geben könnten, auch wenn diese Nager dort nicht regelmäßig anzutreffen sind. Leider haben Tiere aus dem Tierheim immer noch den Makel des „gebrauchten Tieres".

Degus erhält man im Fachgeschäft, beim Züchter oder im Tierheim. K. Kunz & Terra Reptica

Sie würden aber wirklich etwas Gutes tun, wenn Sie einem solchen Degu ein neues Zuhause geben könnten. Bedenken Sie jedoch, dass die Tiere dort schon älter sein können, was allerdings wiederum den Vorteil hätte, dass sie oft an Menschen gewöhnt und deshalb zahmer sind. Manchmal findet man in Tierheimen allerdings auch sehr aggressive Degus, die aufgrund falscher Behandlung durch den Vorbesitzer verhaltensauffällig sind. Solche Tiere sind keineswegs für Einsteiger in dieses Hobby geeignet!

AUGEN AUF BEI DER ANSCHAFFUNG

Kritische Prüfung der Haltungsbedingungen

Achten Sie in der Zoohandlung auf Qualität in jeder Hinsicht. In einer guten Zoofachhandlung dürfen Sie Sauberkeit, Service, Fachwissen und gute Haltungsbedingungen erwarten. Vergleichen Sie diese Punkte in mehreren Zoohandlungen. Die Käfige müssen angemessen groß und

Achten Sie beim Kauf auf die Gesundheit des Degus.
Foto: U. Schanz

sauber sein, alle Tiere/Tierarten sollten gepflegt und gesund aussehen und z. B. Nagematerial haben, das Futter muss artgerecht sein (vgl. TIERÄRZTLICHE VEREINIGUNG FÜR TIERSCHUTZ 2000).

Achten Sie auf die Haltung der Degus. Keine in der Zoohandlung einzeln gehaltenen Degus kaufen oder solche, die mit anderen Tieren vergesellschaftet wurden! Das spricht für unzureichende Kenntnisse der Verkäufer, und solche Degus könnten bereits verhaltensgestört sein, weil ihnen Kontakte zu Artgenossen mit arteigener Kommunikation fehlen. Auch das niedlichste Meerschweinchen ist kein Ersatz für einen anderen Degu! Oft wird das Problem „Platzmangel" als Begründung dafür genannt, dass Käfige mit mehreren Tierarten besetzt sind, aber Platzmangel darf nicht zu Lasten der Tiere gehen.

Entscheiden Sie sich nicht für ein scheinbar gesundes Tier aus einer Gruppe, in der ein krank wirkender Degu lebt. Die (noch) gesunden Degus könnten sich angesteckt haben und dann bei Ihnen zu Hause krank werden. In diesem Rahmen auch keine Mitleidskäufe tätigen, Sie unterstützen damit nur miese Geschäftspraktiken und sorgen letztlich dafür, dass die nächsten Degus dasselbe Schicksal durchmachen müssen.

Geduld ist gefragt: Entscheiden Sie sich nicht beim ersten Besuch in der Zoohandlung für bestimmte Tiere. Schauen Sie sich lieber in aller Ruhe um, beobachten Sie die Degus genau, und zwar in mehreren Geschäften.

Lassen Sie sich die Geschlechter der Degus zeigen, damit es auch wirklich keinen Nachwuchs gibt. Als Käufer haben Sie das Recht dazu. Außerdem können Sie gleich beobachten, ob die Zoohändler geübt mit den Tieren umgehen können. Auch das spricht u. a. für die Qualität eines Geschäftes.

Das über die Zoohandlungen Gesagte gilt im Übrigen auch für Tierheime, private Halter und Züchter. Ein kritischer Blick auf die Haltungsbedingungen in Tierheimen lohnt sich, denn nur maximal 50 % der Tierheime sind nach JACOBS (1998) auf die Unterbringung kleiner Heimtiere vorbereitet, und sogar 46 % der Degus werden in ungeeigneten – weil zu kleinen – Behausungen gehalten. Unterstützen Sie auch hier keine Fehler in der Haltung, sonst wird sich an der traurigen Situation vieler Kleintiere nichts ändern.

WIE ERKENNE ICH EINEN GESUNDEN DEGU?

Hier die wichtigsten Gesundheitszeichen. Können Sie die folgenden Fragen mit einem Ja beantworten, ist dies ein Indiz (aber selbstverständlich keine Garantie) für die Gesundheit der Tiere:

Allgemeineindruck: Ist der Degu schlank und agil? Fette Degus könnten an Diabetes erkrankt oder aber trächtig sein.
Verhalten: Anfangs flüchten die Tiere meist. Kommen sie nach einigen Minuten neugierig heraus?
Bewegung: Ist der Degu frei von Lähmungen und unnatürlichen Körperhaltungen?
Fell: Ist das Fell glatt und ohne kahle Stellen?
Schwanz: Ist der Schwanz lang, behaart und trägt eine Haarquaste am Ende?
Füße: Ist die Krallenlänge im Normbereich? Ist die Stellung der Füße unauffällig?
Zähne: Sind Zahnstellung und -länge normal?
Ohren: Sind die Ohren sauber und unverkrustet?
Augen: Sind die Augen klar und nicht trübe?
Nase: Ist die Nase trocken und ohne Ausfluss?
Schnauze: Ist die Schnauze frei von Belägen und Krusten?
Afterregion: Ist die After-/Genitalregion sauber?

Genauere Angaben zu Erkrankungen bei Degus erhalten Sie im Kapitel „Der Degu als Patient".

HEIMTRANSPORT

Der Transport der Tiere ist für alle Beteiligten eine sehr aufregende Angelegenheit. Denken Sie daran, dass der Wechsel der Tiere in eine neue Umgebung ein einschneidendes Erlebnis ist und Stress, Angst und Trauer durch die Trennung von Artgenossen bedeutet. Grundsätzlich gilt, dass der Käfig im neuen Heim fix und fertig eingerichtet und mit Futter, Wasser und Heu bestückt sein muss.

Kaufen Sie gleich auch einen Transportkäfig mit, den Sie nicht nur für den Heimtransport, sondern auch bei anstehenden Tierarztbesuchen gut gebrauchen können. Wenn der Verkäufer nicht von selbst darauf kommt, lassen Sie etwas Einstreu aus dem Zoohandlungskäfig in den Transportkäfig geben, denn der vertraute Geruch beruhigt die Tiere. Für den Transport ungeeignet sind natürlich Pappkartons (Degus knabbern sich blitzschnell durch), Einmachgläser oder Kaffeedosen (die Tiere könnten ersticken), Vogelkäfige (zu groß und zu zugig) oder die bloßen Hände (Degus sind viel zu flink). All diese Transportbedingungen sind leider tatsächlich schon vorgekommen …

Die Heimreise sollte nicht zu lange dauern (nicht in München kaufen und in Hamburg wohnen). Transportkäfig und Autofahrbewegungen ängstigen die Tiere; zur Beruhigung, zum Schutz vor Zugluft und direkter Sonneneinstrahlung sollten Sie ein Tuch über die Transportbox legen, aber für genügend Luftaustausch sorgen. Keine laute Musik im Auto, kein lautes Reden, Kreischen und schon gar kein Rauchen! Viele Degus beruhigt es, wenn man leise und sanft auf sie einredet, andere möchten lieber vollständig in Ruhe gelassen werden bei Autofahrten. Am Verhalten der Tiere erkennen Sie leicht, was Ihre neuen Degus lieber haben. Bitte transportieren Sie Degus niemals mit öffentlichen Verkehrsmitteln oder mit dem Fahrrad!

Nach der Ankunft zu Hause stellen Sie die Transportbox in den Käfig, öffnen diese vorsichtig und lassen die Tiere selbst entscheiden, wann sie herauskommen wollen. Irgendwann siegt die Neugier, und sie beginnen, ihre neue Heimat zu erkunden. Sobald Futter und Wasser angenommen werden, ist die erste Hürde geschafft. Sie können aufatmen!

Übrigens ist jeder Degu eine kleine individuelle Persönlichkeit. Wenn Sie Ihre Tiere auch am Anfang vielleicht noch nicht einmal unterscheiden können – nach einer Weile lernen Sie das, und Sie spüren die Unterschiede der Degus in Verhalten, Vorlieben etc. Das beginnt schon unmittelbar nach dem Heimtransport: Der mutigste Degu erkundet zuerst die Umgebung, andere folgen mehr oder weniger schnell – je nach Temperament und bisherigen Erfahrungen.

Ein Transportkäfig, der sich für kurze Wege zum Tierarzt eignet Foto: S. Cumnior

Die Artgenossen geben Schutz und Sicherheit: Degus sind keine Einzelgänger! Foto: N. Notzon

EINGEWÖHNUNG

Der Grundsatz lautet: Je mehr Angst, desto wenige Vertrauen! Versuchen Sie, die folgenden Punkte in den ersten Tagen zu beherzigen, damit der Grund stein für Vertrauen zwischen Ihnen und Ihren neuen Tieren gelegt werden kann.

In den ersten Tagen ist absolute Ruhe sehr wich tig: Degus müssen sich unbedingt ruhig eingewöh nen. Familie und Freunde werden sicher verstehen dass sie ein paar Tage warten müssen, bis Sie ihnen die neuen Mitbewohner erstmals vorführen können

Vermeiden Sie alles, was erschreckt und ängstigt laute Geräusche (z. B. Musik, Türenschlagen), hekti sche Bewegungen, Käfigreinigen (nach ein paar Tagen mit den „nötigsten" Bereichen beginnen, dabei kein komplettes Austauschen der Einstreu, denn der eige ne Stallgeruch gibt Sicherheit und Geborgenheit), Fut ternäpfe nicht an andere Stellen versetzen, Häuschen nicht aus Neugierde anheben oder verstellen, kein An- und Ausschalten greller Beleuchtung (erschreck die Tiere unnötig), Anfassen oder Jagen der Tiere keine „Besuche" anderer Heimtiere am Degu-Käfig.

Nähern Sie sich der Behausung immer nur lang sam und halten Sie die Hand stets auf Degu-Höhe Hat der Degu bemerkt, dass Sie kommen? Sprechen Sie mit ihm, wenn Sie sich nähern, sonst erschrickt er

Degus erkennen andere Lebewesen am Geruch Damit der Degu Ihren Eigengeruch erkennt (und Sie in Zukunft als „Freund" akzeptiert), unbedingt ver meiden, dass die Hände nach Seife, Handcreme Schokolade, Pizza, Katzen usw. riechen. Daher im

In den ersten Tagen im neuen Käfig ist absolute Ruhe sehr wichtig. Foto: U. Schanz

Degus müssen mindestens zu zweit gehalten werden, besser ist eine Gruppe von 3–5 Tieren. Foto: C. Ehrlich

ner die Hände mit reinem Wasser waschen, bevor ie zu Ihren Degus gehen. Dann die Hand zum Beschnüffeln hinhalten, damit die Tiere wissen, wen sie vor sich haben. Erschrecken Sie aber nicht, wenn die Tiere sanft „zwicken"; es handelt sich hier um „Probebisse" (s. o.), die nicht mit Angriff/Aggressivität zu verwechseln, sondern eher als ein neugieriges Erkunden zu verstehen sind.

Lassen Sie die Tiere entscheiden, wie schnell sie Kontakt zu Ihnen wünschen, kein „Aufdrängen von Liebe"! Nach der Eingewöhnung und Zähmung werden Sie sich dann umso mehr freuen, wenn die Degus schon an die Tür geflitzt kommen, wenn Sie sich dem Degu-Käfig nähern.

Nehmen Sie ein scheues Tier nicht in die Hand, und jagen Sie es schon gar nicht – aus welchen Gründen auch immer – durch den Käfig! Füttern Sie die Tiere bei Käfighaltung durch die Gitter und gewöhnen Sie sie langsam an die Hand (evtl. mit Leckerbissen) und dadurch an Ihren Geruch.

Achten Sie auf Abwehrzeichen bei Degus. Obwohl diese Tiere sehr gutmütig sind, kann Abwehr manchmal in Aggression umschlagen, wobei Degu-Bisse, wenn sie denn einmal vorkommen sollten, ziemlich schmerzhaft sein können. Wenn dies geschieht, seien Sie dem Tier nicht böse, es will damit nur sagen: „Mir reicht es! Lass mich in Ruhe!" Seien Sie auch später, wenn die Tiere zahm sind, auf eine solche Unmutsäußerung vorbereitet und schleudern Sie den Degu nicht vor Schreck weg, wenn Sie ihn gerade auf der Hand halten, denn das könnte ihn ernsthaft verletzen. Weisen Sie vorsichtshalber auch Besucher, denen Sie das Tier auf die Hand geben, auf diese „Gefahr" hin, damit es nicht zu Unfällen kommt.

TIPP: DUFTRESTE BELASSEN

Lassen Sie bei der Käfigreinigung ein wenig alte Streu im Käfig, damit die neue Einstreu etwas Vertrautes aufweist, nämlich den Familiengeruch. Das beruhigt die Tiere und unterstützt das Einleben in der neuen Umgebung.

TIPP: GREIFEN UND FANGEN

Bedenken Sie, dass Degus zwar robuste Tiere, aber trotzdem zart gebaute Wesen sind. Versuchen Sie das Greifen bzw. Fangen folgendermaßen:

„Hochschaukeln": Nehmen Sie Ihren Degu mit hoch, indem Sie Ihre Hände (mit den Handflächen nach oben) von zwei Seiten auf den Degu zuführen und ihn mit Ihren Händen auf die Handflächen „hochschaukeln". Lassen Sie dann eine Hand unter dem Bauch und legen Sie die andere schützend über den Rücken. Kein Greifen von oben (Greifvogelschema) und kein Greifen am Schwanz (kann abreißen!). Und denken Sie daran, dass Ihr Degu Ihnen schneller vertrauen wird, wenn Sie ihn nicht jedes Mal greifen, sobald er sich aus seinem Häuschen traut.

Klettern: Lassen Sie Ihren Degu evtl. von oben auf Ihre Hand klettern. Manche Tiere finden das sicherer. Hierzu ist eine gewisse Vertrautheit nötig.

Scheue Tiere: Nehmen Sie ein entsprechend großes (sauberes) Glas oder eine stabile Papphröhre, und versuchen Sie ohne hektische Bewegung, den Degu in dieses Gefäß zu „leiten". Das erspart nervenaufreibende Fangaktionen, die weder dem Degu noch Ihnen gefallen dürften. Außerdem verbindet der Degu so das Fangen nicht mit Ihrer Hand, was für die Eingewöhnung bzw. Zähmung wichtig ist. Jagen Sie die Degus nie, um sie in den Käfig zurückzusetzen. Durch hektische Fangsituationen verlieren sie ihr Vertrauen zu Ihnen.

QUARANTÄNE

Haben Sie Degus neu erworben, oder sind Tiere Ihres Bestandes möglicherweise krank, müssen Sie die Nager unter Quarantäne stellen:

Um eine Verbreitung von Krankheitserregern zu vermeiden, sollten Sie die Quarantäne-Behausung degugerecht einrichten und in einem Raum unterbringen, in dem keine anderen Haustiere leben. Hygiene ist jetzt oberstes Gebot: Waschen Sie sich stets gründlich die Hände mit Seife und benutzen Sie ein Desinfektionsmittel, um Krankheitserregern und Parasiten keine Chance zu geben. Tauschen Sie außerdem keine Einrichtungsgegenstände oder Arbeitsmittel (wie z. B. Futterschälchen, Nippeltränken, Äste, Reinigungsutensilien) zwischen den Degu-Behausungen aus – sie würden die Erreger/Parasiten ansonsten geradezu einladen, die Nager im anderen Käfig/Terrarium zu befallen. Inspizieren Sie Ihre Degus täglich und achten Sie auf Krankheitszeichen (siehe hierzu das Kapitel „Der Degu als Patient"). Lassen Sie den Kot Ihrer Tiere vom Veterinär untersuchen, er könnte Hinweis auf Befall mit inneren Parasiten geben; eine Behandlung durch den Tierarzt wäre dann dringend anzuraten.

EHRLICH (2003) empfiehlt eine Quarantänezeit von einem Monat, um sicher zu gehen, dass auch Parasiten aus eingeschleppten Eiern geschlüpft und somit bei Kotproben nachweisbar sind. Ist nach rund vier Wochen keine Krankheit ausgebrochen und waren die Kotproben negativ (also ohne Parasitennachweis), können die Degus vergesellschaftet werden oder in ihrer Behausung an den endgültigen Standort umziehen. Sind jedoch Parasiten nachgewiesen worden, muss die Behandlung nach Anweisung des Tierarztes durchgeführt werden. Die Inneneinrichtung einer Quarantänestation, die kranke Tiere enthielt, ist restlos zu entsorgen, die Behausung vor Besatz mit neuen Tieren zu reinigen und zu desinfizieren (EHRLICH 2003).

ZÄHMUNG

Sie brauchen viel Geduld, Zuwendung und auch Fingerspitzengefühl, wenn Sie das Vertrauen Ihrer Tiere gewinnen wollen. Entgegen landläufiger Meinung lassen sich mit Ruhe und Geduld auch scheue oder ältere Degus fast immer zähmen.

Streicheleinheiten vom Halter sind nicht für jeden Degu etwas.
Foto: N. Notzon

Im Folgenden beschreibe ich Ihnen die drei Eingewöhnungsstufen, die Ihnen dabei helfen werden, freundschaftlichen Kontakt zu Ihren Tieren aufzunehmen. Diese drei Schritte sollten Sie fleißig mit Ihren Degus üben, damit die Tiere mit Ihnen und Ihrem Körper vertraut werden. So vermeiden Sie später beim Auslauf im Zimmer eine wilde Hetzjagd, wenn die Degus wieder in den Käfig zurückgesetzt werden sollen. Übrigens hängt die Zähmung von Degus nicht vom Geschlecht ab; Männchen und Weibchen lassen sich gleich gut zähmen.

Gitterzahmheit

Man sollte sich den Tieren nur nähern, wenn sie aktiv sind. Es ist denkbar schlecht, die Tiere beim Schlafen oder Dösen zu stören und sie aufzuwecken. Das macht die Tiere nervös und ängstlich, weil sie sich nicht geborgen fühlen. Warum sollten sie dann mit Ihnen Kontakt aufnehmen wollen und Ihnen vertrauen? Jemand, der stört, hat nichts Gutes im Sinn!

Reden Sie anfangs leise auf die Tiere ein, aber lassen Sie den Käfig noch geschlossen. Halten Sie Ihren Kopf auf Höhe der Tiere, das macht Sie weniger groß und furchteinflößend. Der erste Leckerbissen wird durch das Gitter gereicht.

Futterzahmheit

Zeigen Ihre Degus keine Ängstlichkeit mehr am Gitter, dann können Sie die Käfigtür öffnen und ihnen den Leckerbissen hinhalten. Wenn die Degus ohne Hemmungen aus Ihren Fingern fressen, wird es Zeit

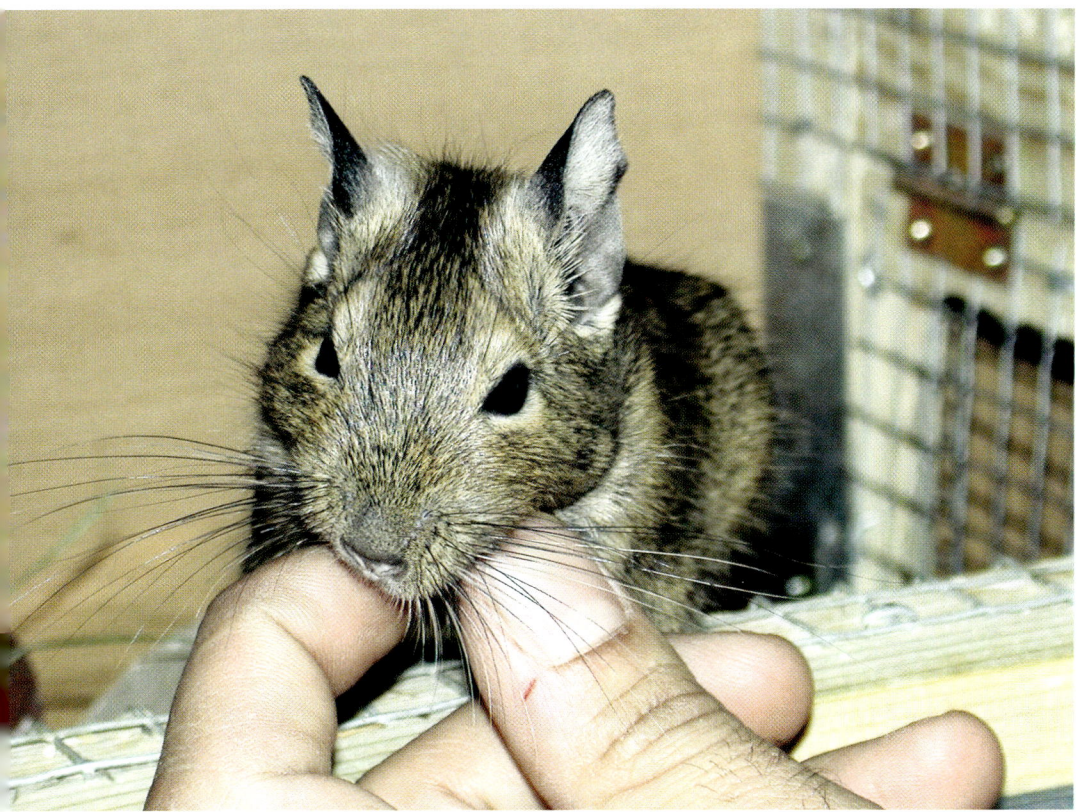

Degus sind keine Kuschel- und Streicheltiere, aber inniger Kontakt zum Pfleger ist möglich. Foto: N. Notzon

für den nächsten Schritt. Legen Sie hierzu einen Leckerbissen auf die flache Hand. Halten Sie die Hand ganz still, bis das Tier sich traut, mit seinen Vorderpfoten auf die Hand zu steigen und das Futter zu holen. Wenn das klappt, legen Sie Futter auf Ihren Unterarm, den Sie ruhig in den Käfig halten. Bitte unterlassen Sie zu diesem Zeitpunkt das Anfassen der Tiere, das würde das „zarte Band des Vertrauens" eventuell reißen lassen.

Völlige Zahmheit

Degus sollten auch mit Ihrem Körper vertraut werden. Lehnen Sie sich mit Ihrem Oberkörper an die geöffnete Käfigtür und lassen Sie den Degu Ihre Arme und Kleidung erobern. Geben Sie ihm Futter, wenn er auf Ihren Armen sitzt. Als weiterer Schritt – und nur wenn die ersten wirklich klappen – halten

Sie dabei eine Hand über seinen Körper, damit er sich an das Anfassen gewöhnt. Zeigt er keine Angst mehr vor Ihrer Hand, geben Sie ihm einen besonders begehrten Leckerbissen zur Belohnung. Sitzt das Tier auf Ihrem Arm, treten Sie einmal einen Schritt vom Käfig zurück und lassen Sie es dann wieder in den Käfig klettern.

TIPP: LECKERLIS IM ZIMMER VERSTECKEN

Vor dem Freilauf im Zimmer können Sie an einigen Stellen artgerechte Leckerbissen als „Belohnung" verstecken, das spornt die Degus an. Dabei lernen die Tiere auch, z. B. Sie zu erklimmen und Leckerbissen in Ihrem Ärmel oder einer Tasche zu suchen. Aber übertreiben Sie es nicht mit der Menge der Leckerlis, denn auch hier ist ein Zuviel sowohl bei der Zähmung als auch bei der Ernährung schädlich.

Vergesellschaftungen brauchen Zeit und Geduld – so können Degus ohne Kampf Kontakt aufnehmen. Foto: N. Notzon

VERGESELLSCHAFTUNG

Die Vergesellschaftung von Degus ist nicht immer unproblematisch, denn die Tiere können sehr unterschiedlich reagieren. Grundsätzlich spielen folgende „deguspezifische" Faktoren eine Rolle: Alter der zu vergesellschaftenden Tiere, Rang in der alten Gruppe und „angestrebter" Rang in der neuen Gruppe, Anzahl der Tiere und ihre jeweiliges Geschlecht. Zuletzt kommt noch ein schwer prognostizierbarer Faktor hinzu, nämlich die Sympathie. Einige Degus vertragen sich auf Anhieb, andere trotz gut durchgeführter Vergesellschaftungsversuche nie – das ist wie bei uns Menschen, da hilft nur das Akzeptieren (und notfalls Trennen) der kleinen Persönlichkeiten.

Während sich einzelne Weibchen meist problemlos miteinander vergesellschaften lassen, kann es bei Männchen zu blutigen oder gar tödlichen Kämpfen kommen. Dann müssen die Streithähne sofort getrennt und in unterschiedlichen Käfigen untergebracht werden. Bedenken Sie, dass der im Kampf Unterlegene nicht aus der Behausung fliehen und sich einen ruhigeren Platz suchen kann. Der Stärkere „versteht" nicht, warum der Schwächere bleibt, anstatt zu fliehen, und wird ihn daher weiter verfolgen

– notfalls bis zum bitteren Ende! Nach KÜSTER (2003) soll man Tiere, die nach einem kurzen „Geplänkel" nicht miteinander auskommen, sofort und dauerhaft trennen, da eine Zusammenführung selbst nach erneuter Annäherung nicht ratsam sei. Es scheint, als ob sich einige Degus einfach nicht „riechen" können und sich auch bei gut gemeinter Vergesellschaftungsversuchen nicht zusammenführen lassen.

Sind die Männchen erfolgreich vergesellschaftet worden, kann es später trotzdem aus heiterem Himmel zu Auseinandersetzungen kommen, besonders dann, wenn Weibchen zur Gruppe kommen, was daher unbedingt vermieden werden muss. Zwei einzelne Weibchen lassen sich hingegen so gut wie immer vergesellschaften, während das Zusammensetzen größerer Weibchengruppen problematisch werden kann, aber nicht muss.

Bei der Vergesellschaftung von Degus habe ich die unterschiedlichsten Erfahrungen gemacht. Manchmal klappte es besser als erwartet, gelegentlich gar nicht, obwohl die „äußeren Umstände" – aus menschlicher Sicht – perfekt schienen. Seien Sie daher auf alles vorbereitet und trauen Sie dem Frieden nicht zu früh. Zur Vergesellschaftung habe ich folgende zwei

in Degu (unten) wird mit Urin markiert und erhält so den typischen Familiengeruch. Foto: C. Ehrlich

Methoden mit hoher Erfolgswahrscheinlichkeit erwandt und kann sie Ihnen empfehlen:

Käfigwechselmethode

Anleitung:

Zwei Käfige neu einrichten (Einstreu usw.), alte" Degus in den einen, „neue" Degus in den anderen setzen.

Nach zwei Tagen kommen alle Degus in den jeweils anderen Käfig, ohne dass die Einrichtung erändert wurde.

Nach ca. einer Woche kann ein Kontakt der Tiere auf „neutralem Boden" stattfinden (z. B. Boden im Degu-Zimmer). Aber auch, wenn sich die Degus hier vertragen, sollten Sie Ihre Tiere noch nicht zusammenlassen; jetzt auch Einstreuwechsel in beiden Käfigen vornehmen.

Degus wieder täglich in den jeweils anderen Käfig umquartieren.

Nach zwei Wochen können Sie die Vergesellschaftung im zukünftigen gemeinsamen Heim (also dem Käfig der „alten" Degus) wagen, das vorher mit neuer Einstreu präpariert worden sein sollte; bei Beißereien müssen Sie die Tiere trennen und den Zeitraum der Käfigwechselmethode verlängern.

Käfig-an-Käfig-Methode

Anleitung:

Ersatzkäfig mit den „neuen" Degus an den Käfig mit den „alten" Degus stellen. Die Tiere können sich so auf Distanz an den Geruch der jeweils anderen Gruppe gewöhnen.

Nach ca. einer Woche kann ein Kontakt der Tiere auf „neutralem Boden" stattfinden (z. B. Boden im Degu-Zimmer), aber auch, wenn sich die Degus hier vertragen, sollten Sie die Nager noch nicht zusammenlassen. Tiere wieder in ihre eigenen Käfige umquartieren. Nach zwei Wochen können Sie die Vergesellschaftung im zukünftigen gemeinsamen Heim (also dem Käfig der „alten" Degus) wagen; bei Beißereien müssen Sie die Tiere trennen und den Zeitraum der Käfig-an-Käfig-Methode verlängern oder die Käfigwechselmethode ausprobieren.

TIPP: MÄNNCHEN VERGESELLSCHAFTEN

Sehr gut vertragen sich Brüder eines Wurfes oder Männchen, die von Geburt an miteinander aufgewachsen sind. Übrigens können auch kastrierte Männchen bei der Vergesellschaftung zu energischen „Kampfhähnen" werden – sie verlieren also durch die Operation nicht ihr arttypisches (Revier-)Verhalten!

Die Ernährung von Degus bedarf einiger Sorgfalt. Foto: C. Ehrlich

ERNÄHRUNG UND FÜTTERUNG

ERNÄHRUNGSPHYSIOLOGIE

Durch die Tatsache, dass der Körper Nähr- oder Nahrungsstoffe wie Proteine (Eiweiße), Fette, Kohlenhydrate (Zucker), Vitamine, Mineralstoffe und Spurenelemente aufnimmt, kann er Energie durch „Verbrennung" der Nährstoffe erzeugen. Diese Energie wird dazu eingesetzt, sämtliche Lebensfunktionen aufrechtzuerhalten, wie z. B. Wachstum, Zellerneuerung, Körpertemperatur sowie mechanische und chemische Arbeit. Damit die Nahrungsstoffe zu Energie werden können, müssen sie vorher in verschiedenen Abschnitten des Magen-Darm-Kanals durch Enzyme der Verdauungsdrüsen gespalten und somit in aufnehmbare (resorbierbare) Produkte überführt werden. Diese Produkte können schließlich über die Schleimhaut des Magen-Darm-Kanals aufgenommen werden und gelangen dann ins Blut (WEHNER & GEHRING 1990).

Der Darm der Degus ist auf die karge Nahrun (Gräser, Kräuter, Rinden, Blüten, Laub, Samen) sei ner Heimat eingerichtet, weshalb sich die Bezeich nung „Magerköstler" (SPORON & METTLER 2002 bei vielen Degu-Haltern eingebürgert hat. Nu wenn Degus genügend Ballaststoffe (nicht verdau liche Pflanzenbestandteile, die im Darm quelle und auf diese Weise die Darmtätigkeit anregen) be kommen, können sie auch in Menschenhand ge sund bleiben. Die zellulosehaltige Nahrung wird ir Degu-Darm von Mikroorganismen abgebaut, di weichen und vitaminhaltigen Ausscheidungen tei weise wieder aufgenommen (Kotfressen). Erst de spätere, trockene Kot hat die charakteristisch Böhnchenform.

Die richtige Ernährung Ihrer Degus ist nicht gar unproblematisch, denn Degus neigen bei zu zucke haltiger Ernährung (das gilt auch für frisches un getrocknetes Obst wie z. B. Rosinen) zur Zucke krankheit, die über eine Linsentrübung (Katarak zur beidseitigen Blindheit führen kann (mehr z dieser Krankheit im Kapitel „Stoffwechsel" in der Rubrik „Erkrankungen und Störungen").

Leider ziehen Degus die Leckerbissen dem gesunden und für sie zuträglichen Futter vor: Fett- und zuckerhaltige Leckerbissen wie Nüsse und Sonnenblumenkerne werden zwar sehr gerne verspeist, sollten aber lediglich selten verfüttert werden. Wenn Degus nur ihre Lieblingsstückchen aus dem Futter herausklauben, kann von gesunder und abwechslungsreicher Ernährung nicht mehr die Rede sein! Degus würden auch süße Früchte (z. B. Rosinen) und evtl. Süßigkeiten, Kuchen und Kekse fressen, aber diese Nahrungsmittel sind für den Degu-Darm völlig ungeeignet und unter allen Umständen zu vermeiden! Der Stoffwechsel der Degus kann keine großen Mengen einfacher Zucker abbauen! Durch falsch verstandene Tierliebe lassen sich viele Tierhalter allzu oft dazu hinreißen, ihre kleinen Lieblinge durch Nachgiebigkeit und mangelnde Disziplin zu Tode zu füttern. Der Hinweis vieler Tierbesitzer, dass die Tiere schon wüssten, was für sie gut ist, ist ein Irrtum. Wie und woher sollte ein Degu wissen, dass zu viel Zucker für ihn schädlich ist? Er frisst, was ihm schmeckt, Zuckergehalt hin oder her. Der Halter kann die Verantwortung nicht auf die Tiere selbst abschieben und ihnen überlassen, was sie fressen, denn die Gesundheit der Tiere liegt in den Händen des Halters - Vorbeugung ist und bleibt die beste Medizin!

Wenn Sie sich jedoch an einige Regeln halten, werden sich Ihre Degus bester Gesundheit erfreuen. Kommen wir nun also zur artgerechten Degu-Fütterung.

TROCKEN- UND FRISCHFUTTER

Trockenfutter

Frisches Heu ist das richtige und artgerechte Grundnahrungsmittel für Degus und muss jederzeit in ausreichender Menge vorhanden sein. Sie können das Heu in einer (verletzungssicheren!) Heuraufe anbieten oder es einfach auf den Boden legen. Bei angemessener Käfighygiene ist dies für Degus nicht gefährlich. Achten Sie darauf, dass das Heu nicht überlagert ist; altes Heu staubt stark und hat nur noch geringen Nährwert, frisches Heu dagegen riecht würzig. Heu darf nicht feucht werden, da es sonst verschimmelt. Feuchtes Heu verbietet sich auch als Nistmaterial. Wenn Sie Heu selbst machen wollen, achten Sie darauf, dass sich keine giftigen Pflanzen darin befinden (wie z. B. die Herbstzeitlose, deren Verzehr tödlich sein kann). Heu von Waldwiesen fällt ebenfalls durch möglicherweise mitgeerntete giftige Farne weg. Das Heu darf nicht von gedüngten bzw. mit Pestiziden vergifteten Flächen oder von Wiesen neben viel befahrenen Straßen stammen. Daher entscheiden sich viele Halter dazu, Heu selbst zu produzieren, weil sie so Einfluss auf die Qualität dieses Degu-Grundfutters haben. GLUTTING (2004) empfiehlt hierzu, das Gras bzw. Grünfutter vor der Blüte zu schneiden, weil es so am nährstoffreichsten sei. Nach dem Schnitt müsse das Grünfutter zügig getrocknet werden (also lange Sonneneinstrahlung vermeiden), idealerweise für 10 Minuten bei 250–1.000 °C in Heißluft-Trocknungsanlagen. Für eine gute Trock-

Gemüse ist erlaubt, Obst hingegen begünstigt den Ausbruch der Zuckerkrankheit. Foto: U. Schnaz

Ein seltenes Leckerchen in Ehren kann niemand verwehren ...
Foto: N. Notzon

Zweige mit Rinde dienen als Nagematerial.
Foto: C. Ehrlich

nung könne man auch auf Reuter- bzw. Heuharfen zurückgreifen. Grundsätzlich sei bei der Trocknung darauf zu achten, ein langes Liegen (Nährstoff-/Vitamingehalt sinkt) und Feuchtwerden durch Regen (Gefahr der Schimmelpilzbildung) zu vermeiden.

Das handelsübliche Degu-Fertigfutter ist oftmals zu zuckerhaltig und deshalb der Gesundheit der Tiere abträglich. Dies gilt genauso für das handelsübliche, zu gehaltvolle Mäuse- oder Hamsterfutter, in dem der Anteil an Samen und Nüssen – beides sehr fetthaltig – viel zu hoch ist. Lediglich einige kleinere Futtermittelhersteller bieten seit kurzem wirklich artgerechtes – allerdings auch ziemlich teueres – Hauptfutter für Degus an, leider führen jedoch die meisten Zoofachgeschäfte dieses Futter nicht. Es kann aber über Online-Shops bestellt werden und wird von Degus sehr gut angenommen und bestens vertragen.

TIPP: MELASSE VERMEIDEN

Melasse ist eine zähflüssige, braunschwarze Masse mit 45–50 % Zuckergehalt; sie entsteht aus eingedicktem Zuckerrüben- oder Zuckerrohrsaft nach Auskristallisieren des Zuckers und wird als Futtermittel oder zur Herstellung von Hefe und Alkohol (z. B. Rum) verwendet. Achten Sie beim Kauf von Futter darauf, dass es keine Melasse enthält, denn: Melasse = Zucker = ungesund!

Alternativ zum fertigen Trockenfutter können Sie eine Mischung folgendermaßen selbst herstellen – rechnen Sie pro Tier und Tag einen Esslöffel Trockenfutter. Die von mir empfohlene Mischung setzt sich aus folgenden drei Komponenten zusammen:

3 Teile Meerschweinchenfutter (wichtig ist, darauf zu achten, dass die Mischung kein Obst, keine Melasse und lediglich einen sehr geringen Anteil fetter Zusätze wie Nüsse oder Sonnenblumenkerne enthält; notfalls solche Bestandteile aussortieren)
2 Teile getrocknete Pflanzen (Blüten, Kräuter, Gemüse; bekommt man im Zoofachhandel oder in Online-Shops in der Abteilung „Chinchillabedarf")
1 Teil Chinchilla-Pellets ohne Zucker-/Melassezusätze (Pellets = in kleine Stäbchen gepresstes Futter, evtl. mit angemessener Anreicherung von Mineralstoffen und Vitaminen)

Als Leckerlis dürfen gelegentlich Nüsse (Achtung: Mandeln enthalten Blausäure), Sonnenblumenkerne, getrocknete Karotten oder rote Beete, ungekochte Nudeln, Kolbenhirse, trockene und gepresste Erbsen gegeben werden – aber stets in Maßen.

Bitte verzichten Sie auf die handelsüblichen Angebote wie Drops, Knabberstangen usw. Diese Produkte enthalten zu viel Zucker und Fett und schaden Ihren Degus!

Frischfutter

Frischfutter sollten Sie Ihren Tieren ungefähr 2-Mal in der Woche reichen und immer wieder variieren. Gemüse muss vor dem Verfüttern gründlich gewaschen und abgetrocknet werden, es muss außerdem Zimmertemperatur haben – also nichts direkt aus dem Kühlschrank geben. Folgendes Frischfutter können Sie anbieten:

Gemüse und Kräuter (wie Salatgurken, Karotte mit Laub, Eisbergsalat, Chicorée, Tomaten, Löwenzahn, Vogelmiere, Kresse, Giersch, Gänseblümchen

Ein Saftfutter-Büfett für Degus
Foto: N. Notzon

Heu ist das wichtigste Nahrungsmittel für Degus.
Foto: C. Ehrlich

und gelegentlich Heimtiergras, das selbst gezogen werden kann; einen Link zu einer Giftpflanzendatenbank finden Sie am Ende des Buches.

Blätter und Zweige mit Rinde (von Haselnusssträuchern, Weiden, ungespritzten Apfel- oder Birnbäumen, Birken), wichtig auch als Nagematerial zur Abnutzung der Zähne.

Manche Halter bieten hin und wieder tierische Proteine in Form von Mehlwürmern, Grillen oder Heimchen an, die allerdings nur von einigen Degus genommen werden (Degus, die die Insekten verschmähen, können Sie Katzentrockenfutter ohne Karamellzusätze reichen). Da aber Degus keine tierischen Proteine benötigen, ist auch kein Ersatz erforderlich, falls die Tiere die genannten „Leckerbissen" nicht anrühren. Es handelt sich also nur um ein Zusatzangebot.

Verfüttern Sie nur so viel Frischfutter, wie auch von Ihrer Degu-Gruppe innerhalb eines Tages wirklich

verzehrt werden kann. Mit der Zeit werden Sie ein Gefühl dafür entwickeln, wie groß die Ration sein sollte. Entfernen Sie abends stets überschüssiges bzw. altes Frischfutter, das schnell schimmeln und dann Krankheiten verursachen kann. Bedenken Sie, dass Degus gerne Futter vergraben, so auch beispielsweise Gurkenscheiben oder Karottenscheiben, die dann in den Ecken vor sich hin faulen. Auch sollten Sie die Futtertiere nicht einfach in den Käfig schütten, sondern einzeln mit der Hand oder Pinzette reichen.

Wenn Sie Blumen zu Hause oder Pflanzen im Garten haben, können Sie z. B. folgende Sorten verfüttern: Grünlilie (*Chlorophytum*), Zypergras (*Cyperus*), Tradeskantie (*Tradescantia*, *Zebrina*). Giftig hingegen sind (Auswahl): Efeu, Dieffenbachie, Weihnachtsstern, Birkenfeige, Passionsblume, Bärlauch, Tollkirsche, Mistel, Fingerhut, Rittersporn, Herbstzeitlose, Goldregen, Schwarzer Nachtschatten, Schierling, Küchenschelle, Hundspetersilie und alle Eibengewächse. Das Verfüttern von Pflaumen- und Kirschbaumteilen sowie Bittermandeln empfiehlt sich ebenfalls nicht, weil diese Pflanzen blausäurehaltige Glykoside (z. B. Amygdalin) enthalten (SCHMIDT-NIELSEN 1999). Auch Spinat, Sauerklee, Sauerampfer, Sellerie und Rhabarber sollten wegen ihres Gehaltes an Oxalsäure gemieden werden, da diese den Kalziumstoffwechsel empfindlich stören kann.

Wenn Sie Grünfutter in der Natur sammeln wollen, dürfen die Pflanzen nicht an viel befahrenen Straßen oder neben pestizidbelasteten Äckern gepflückt werden.

WASSER

Da Degus durch das Zimmerklima (geringe Luft-feuchtigkeit, stetig hohe Wärme) viel Flüssigkeit ver-lieren, muss Wasser stets zur Verfügung stehen. Selbst Degus, die regelmäßig und in ausreichender Menge Frischfutter bekommen, nehmen meistens gern auch etwas Wasser auf. Bieten Sie daher am bes-ten eine nagesicher installierte Nippelflasche an. Wasserschälchen sind unpraktisch, da sie schnell um-geworfen oder verschmutzt werden; verschüttetes Wasser begünstigt durch Schimmelbefall der Einstreu Erkrankungen bei Degus.

Geben Sie Ihren Lieblingen keine großen Trink-flaschen, denn diese verführen zum selteneren Was-serwechsel und Reinigen. Bei den Nippelflaschen müssen Sie täglich die Funktionstüchtigkeit prüfen, denn „hartes" Wasser kann durch Verkalkung die Kugel „festhalten", und die Degus können kein Was-ser zu sich nehmen. Kontrollieren Sie die Wasserfla-sche vor dem Aufhängen. Ist noch eine Luftblase im Trinkröhrchen, spendet sie kein Wasser. Überprüfen Sie auch im Käfig noch einmal, ob tatsächlich Wasser herauskommt, wenn Sie mit dem Finger gegen die Kugel im Trinkröhrchen tippen. Sichern Sie die Trinkflasche vor den Nagezähnen durch eine Blech- oder Holzplatte, die Sie zwischen Stall und Flasche nagezahnsicher befestigen. Alternativ können Sie auch ein Wurstglas oder eine Blechdose – ohne schar-fe Ränder – mit Loch für das Trinkröhrchen ver-wenden. Sicherung ist auf jeden Fall nötig: Schneller als Sie denken, fluten Degus sonst ihren Stall …

WUSSTEN SIE SCHON?

Die Behauptung, Frischfutter allein decke bereits den Was-serbedarf der Tiere, kann ich aus eigener Beobachtung nicht stützen: Auch Tiere, die weder an Diabetes leiden (der einen vermehrten Durst verursacht) noch „Trinker aus Langeweile" sind, nehmen trotz ausreichender Mengen Frischfutters geringe Mengen Wasser auf. Daher ist Wasser ein „Muss".

Bei abwechslungsreichem Nahrungsangebot müssen keine zusätzlichen Vitamine (z. B. in Form von Trinkwasserzusätzen) angeboten werden. Nur das Wasser für kranke, alte oder trächtige Tiere kann mit Vitaminpräparaten (vorübergehend) aufgewertet

werden. Und achten Sie darauf, ob Ihre Degus das Wasser mit den Zusätzen mögen und auch ausrei-chend trinken – viele Degus meiden geschmacklich verändertes Wasser. Zu vermeiden ist in jedem Fall eine Überdosierung, die genauso schädlich sein kann wie ein Vitaminmangel! Es wird immer wieder argu-mentiert, dass überflüssige Vitamine vom Körper ausgeschieden würden. Das trifft aber nur auf was-serlöslichen Vitamine zu, fettlösliche dagegen (A, D, E, K) verbleiben im Körper und werden dort ge-speichert.

Wenn eine Nippelflasche von den Degus unge-wöhnlich schnell geleert wird, ohne dass feuchte Ein-streu darunter auf ein Leck hinweist, besteht Ver-dacht auf eine Diabeteserkrankung. Degus können außerdem zu „Trinkern aus Langeweile" werden, wenn ihre Unterbringung zu klein ist und/oder ihnen zu wenig Beschäftigung bietet.

WAS DÜRFEN DEGUS NICHT FRESSEN?

- Kein Obst/Trockenobst (z. B. Äpfel, Bananen, Ro-sinen) verfüttern, all das kann den Ausbruch der Stoffwechselkrankheit Diabetes (Zuckerkrank-heit) begünstigen.
- Keine fetten und süßen „Naschsachen" wie Drops oder Knabberstangen für Degus, ihr Magen-Darm-Trakt ist nicht auf zu zucker- und fetthaltige Nahrung eingestellt.
- Keine Kohlsorten verfüttern, sie können zu starken Blähungen führen.
- Keinen Kopfsalat aus dem Supermarkt anbieten, er weist zu hohe Nitrat- und Pestizidwerte auf. Selbst gezogener Salat ist unbedenklich.
- Keine Zweige von Kirsch- oder Pflaumenbäumen, Tannen, Fichten oder Eiben reichen, sie sind giftig, unbekömmlich oder gar lebensgefährlich für Degus.
- Kein trockenes Brot (zu kalorienreich!) verfüttern, bei ausreichendem „Knabberzeug" für die Zähne (z. B. Äste und Rinde) ist getrocknetes Brot über-flüssig.
- Süßigkeiten (wie z. B. Schokolade oder Kuchen), die uns Menschen gut schmecken, sind nichts für Degus und können sie sogar umbringen.
- Keinen Salzleckstein in den Käfig hängen, er scha-det Degus.

PFLEGEPROGRAMM FÜR DEGUS

DEGUS VERSTEHEN LERNEN

Degus sind recht eigenwillige Tiere und werden mehr oder weniger zutraulich oder sogar anhänglich. Sie bewahren aber – ähnlich wie Katzen – ihre Unabhängigkeit. Grundsätzlich umfasst ihr Verhalten zwar bestimmte Grundelemente, kann aber von Tier zu Tier sehr variieren. So zeigt sich im Rahmen des Aggressionsverhaltens erwachsener Degu-Männchen beispielsweise, dass einige von ihnen andere Männchen in ihrer Gruppe akzeptieren, andere dies jedoch unter keinen Umständen tun. Hinzu kommt, dass sich das Leben in Menschenhand von dem wild lebender Tiere deutlich unterscheidet und ebenfalls zu anderen Verhaltensweisen führen kann.

Jeder Degu hat seine eigenen Verhaltensmerkmale, die sich in Vorlieben und Abneigungen, bestimmten Angewohnheiten oder sogar leichten Störungen zeigen können. So gibt es bei Degus richtige kleine Draufgänger, andere wiederum sitzen vorsichtig abwartend in der Ecke, einige scheinen permanent aktiv, andere eher verschlafen oder gar verträumt zu sein. Das ist ganz wie bei uns Menschen …

Aber gerade diese Verschiedenartigkeit der Degus macht viel Freude. Deshalb sollten Sie Ihre Degus so nehmen, wie sie nun einmal sind, mit all ihren schönen und manchmal für Sie eher enttäuschenden Verhaltensweisen. Man kann Degus nicht krampfhaft nach eigenen Vorstellungen verändern, dazu sind sie einfach zu sehr Wildtier. Freuen Sie sich, wenn sich die Degus auf Sie einlassen, und versuchen Sie nicht allzu enttäuscht zu sein, wenn die Degus zurückhaltender sind. Und manchmal bringt es auch die Zeit: So manch ein Degu, der von Anfang an scheu war, wird dann mit Geduld doch noch zahm. Geben Sie die Hoffnung nicht auf, es lohnt sich!

TIPP: BEOBACHTUNG

Am besten lernen Sie Ihre Degus durch genaue und geduldige Beobachtung kennen. So lassen sich auch mit etwas Übung individuelle Unterschiede zwischen den einzelnen Tieren ausmachen. Hilfreich beim Verstehen Ihrer Degus sind die Informationen aus den Kapiteln „Verhaltensweisen" und „Kommunikation".

Die Körperpflege erledigen Degus alleine oder mit der Hilfe von Artgenossen. Foto: N. Notzon

FELL-, ZAHN- UND FUßPFLEGE

Fellpflege

Bei der direkten Körperpflege brauchen Degus keine Hilfe, das können die Tiere am besten selbst erledigen. Helfen kann man ihnen nur, indem man ein Sandbad anbietet, denn zum einen entfernt dieses überschüssiges Fett, zum anderen ist es für Fell und Wohlbefinden ein Muss.

Wählen Sie für das Sandbad ein so geräumiges Gefäß, dass sich die Degus bequem darin wälzen können. Selbstverständlich muss das Gefäß stand- und nagefest sein, also aus Ton, Zinkblech, Keramik oder dickem Glas bestehen. Am besten verwenden Sie Chinchillasand, den Sie in einer Schale jeden zweiten Tag für rund 20 min in den Käfig stellen und dann wieder herausnehmen. Sie vermeiden so, dass die Tiere den ganzen Sand im Stall verteilen und/oder ihn ständig verschmutzen. Nach 20 min sollten alle Tiere im Sand gebadet haben, und diejenigen, die das vielleicht doch nicht getan haben, werden sich an diesen Rhythmus gewöhnen. Selbstverständlich können Sie die Sandbadeschale auch die

Degus müssen sorgsam gepflegt werden, damit sie gesund und agil bleiben. Foto: C. Ehrlich

gesamte Zeit im Stall belassen, wenn Sie den Sand oft wechseln. In diesem Fall müssen Sie aber mit hohem Sandverbrauch rechnen.

Degus sind von Haus aus eher wasserscheu und erkälten sich auch relativ leicht. Degus brauchen kein Wasserbad und dürfen auch nicht gebadet werden!

TIPP: SANDBAD IM TERRARIUM

Wenn Sie Degus im Terrarium halten, sollten Sie dafür sorgen, dass die Tiere den Sand beim Sandbaden nicht gegen die Scheiben schleudern können, da andernfalls unschöne Kratzspuren entstehen und die Durchsicht „stören" können. Aus diesem Grund ist auch Sand als Einstreu sehr unpraktisch.

Zahnpflege

Nagetierzähne wachsen ein Leben lang. Überlange Zähne behindern die Tiere beim Fressen und rufen Verletzungen hervor. Deshalb muss festes Futter gereicht werden, das das Zahnwachstum reguliert, indem es die nachgewachsenen Zähne abnutzt. Leider kommt es in der Praxis immer wieder vor, dass Degus aufgrund von Zahnanomalien trotz eines gefüllten Fressnapfes abmagern oder gar verhungern. Statt Zahnbürste und Zahnpasta gilt für Degus:

Geeignete Knabberkost besteht aus ungespritzten Zweigen von Obstbäumen (und zwar Apfel- und Birnbäumen), Haselnussbüschen bzw. -bäumen, Weiden und Birken. Verwenden Sie keine Zweige von Nadelbäumen wegen des Harzes, aber auch keine Kirsch- und Pflaumenbaumäste, da diese für Degus giftig sind (Blausäurespuren). Übrigens stillen die Degus nicht nur ihren Nagetrieb an den Ästen, sondern knabbern auch die Rinde ab und fressen diese, was ausgesprochen positiv ist. Statt Ästen können Sie zur Abwechslung einmal Hundekauknochen aus Rinderhaut geben. Viele Degus mögen das ausgesprochen gerne.

…egus benötigen Sandbäder, dürfen hingegen nie mit Wasser …ebadet werden. Foto: C. Ehrlich

Zum täglichen Auslauf gehört gelegentlich auch das Erkunden des Halters. Foto: N. Notzon

TIPP: HYGIENISCHE KNABBERÄSTE

Wenn Sie Wurzeln oder kleinere Baumstämme von einem Waldspaziergang mitbringen, erhitzen Sie dieses Material einige Zeit im Backofen, überbrühen Sie es mit heißem Wasser und lassen Sie es gut trocknen. Dies dient dazu, evtl. vorhandene Krankheitserreger abzutöten, damit sich Ihre Tiere keine Infektionen von frei lebenden Tieren einfangen. Zudem verhindern Sie einen Befall z. B. mit Holzböcken in Ihrer Wohnung.

Wenn die Zähne doch einmal zu lang geworden …ind, müssen Sie den Tierarzt aufsuchen. Bitte unter…assen Sie Aktionen, in denen Sie mit Nagelknipsern …wie manchmal empfohlen) die Zähne Ihrer Degus …ürzen wollen. Das kann Ihre Degus gefährlich verlet…en, und zwar nicht nur die Zähne. Nicht selten wird …abei in Lippen, Zunge oder Nase geknipst – das ist …veder für das Tier noch für Sie ein schönes Erlebnis!

…ußpflege

…chten Sie auf die Länge der Krallen. Lassen Sie …hre Degus viel über Holz, Steine, Äste usw. laufen, …as nutzt ihre Krallen ab, und Sie müssen diese in …ller Regel nicht beschneiden (lassen). Das erspart …uch Kosten für die Pediküre durch einen Tierarzt. …edenken Sie, dass zu lange Krallen Schmerzen …erursachen und das Laufen behindern.

Wenn Sie Steine aus der Natur für die Käfigein…ichtung verwenden wollen, können Sie schädliche …Mikroorganismen beseitigen, indem Sie die Steine

gründlich mit Wasser waschen und sie anschließend 45 min bei 180 °C im Backofen „backen". Danach besteht keine Infektionsgefahr mehr.

Bei Bedarf kürzt der Tierarzt die Krallen oder zeigt Ihnen, wie Sie es künftig selbst machen können. Eine genaue Anleitung vom Fachmann ist hier erforderlich, um die Tiere nicht unnötig zu verletzen. Was nützen kurze Krallen, wenn der Degu bei der Prozedur Zehen eingebüßt hat (ist schon vorgekommen!).

AUSLAUF

Degus sind sehr neugierig und untersuchen alles, was sich ihnen auf ihrem Weg bietet. Wenn Sie Ihrem Degu Auslauf gönnen wollen (Auslauf ersetzt aber keinen großen Käfig!), achten Sie auf mögliche Gefahrenquellen:

- Stromschlag durch Anknabbern von Kabeln
- Verletzungen durch spitze oder scharfe Gegenstände
- Quetschungen durch unvorsichtiges Öffnen von Türen, durch Möbelrücken oder das Hinsetzen auf das Sofa
- Verbrennungen durch Kerzen, Zigaretten oder Kaminfeuer
- Ertrinken in Badewannen, Toiletten, Eimern und Vasen
- Vergiftungen durch Zimmerpflanzen, herumliegende Medikamente, offene Behälter von Chemikalien oder Reinigungsmitteln, Knabbern an gebeiztem und lackiertem Holz
- Absturzgefahr durch Balkone, Fenstersimse oder Auslauf auf dem Tisch
- Haustiere könnten die sich frei im Zimmer bewegenden Degus als Beute ansehen und beißen oder gar fressen.

Je länger man Degus einen sicheren Auslauf ermöglicht, desto besser. Mindestens eine Stunde pro Tag sollte es aber sein, damit die Nager Neues erkunden und Abwechslung vom Käfigalltag genießen können. Voraussetzung ist allerdings Handzahmheit (Anleitung hierzu s. o.). Schon beim Öffnen der Degu-Behausung werden die Tiere dann gern auf Ihre Hand klettern und ihren Pfleger untersuchen. Wenn die Nager keine Angst mehr zeigen, tragen Sie sie vorsichtig im Zimmer umher und lassen Sie sie an verschiedenen Plätzen (z. B. Sofa) laufen, nehmen Sie sie wieder auf die Hand usw. Der Wechsel Hand-Freilauf-Hand muss problemlos klappen, damit Sie die Degus später wieder in den Käfig zurücksetzen können, wenn Sie – und nicht die Nager – es wollen. Schließlich können Sie die Degus auch auf dem Boden laufen lassen, aber bitte stets unter Aufsicht.

Beim Freilauf müssen Degus ständig beobachtet werden – es lauern überall Gefahren.
Foto: C. Ehrlich

TIPP: AUSLAUF MIT RÜCKZUGSMÖGLICHKEITEN

Wann die Erlebnisse und Eindrücke des Auslaufs für einen Degu zur Reizüberflutung werden, ist oftmals schwer abzuschätzen. Auch beim Freilauf im Zimmer sollte daher immer eine Rückzugsmöglichkeit in Form eines Häuschens (oder des geöffneten Käfigs) vorhanden sein. Manche Degus mögen zwischendurch eine kurze Verschnaufpause, um dann gleich wieder die Umgebung mit neuem Schwung zu erkunden.

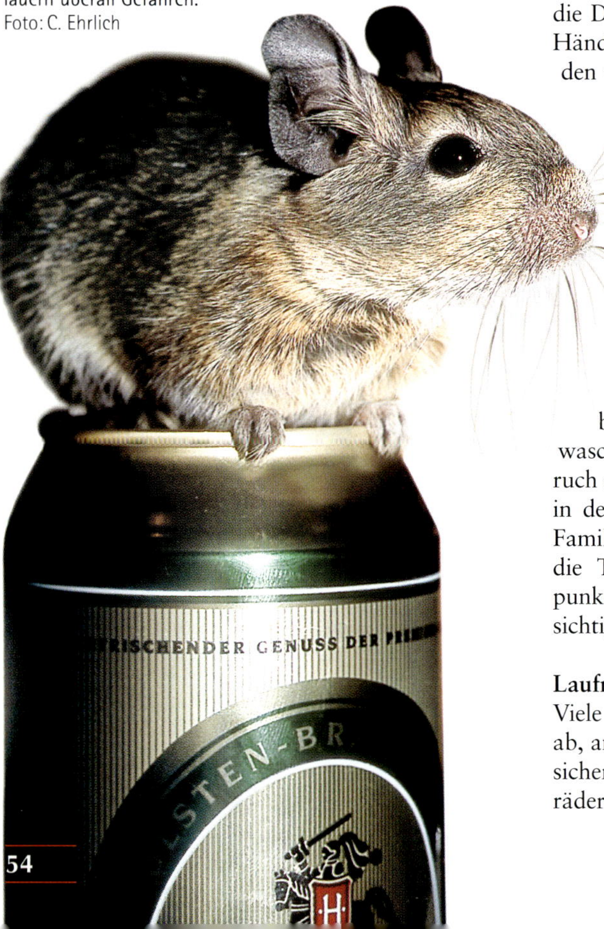

BESCHÄFTIGUNGSPROGRAMM

Ansprache

Ansprache ist natürlich bei Degus erwünscht, und die Tiere bauen gerne eine „Beziehung“ zu ihrer Bezugsperson auf. Aber Degus können sich auch alleine beschäftigen. Beschäftigung und Spiel sind die Mittel der Wahl gegen Eintönigkeit und Langeweile. Machen Sie vorsichtige Spielangebote (z. B. indem Sie die Degus über den Arm laufen lassen und mit den Händen „Hürden“ in den Weg stellen, die überwunden werden müssen), und wenn Ihre Degus darauf eingehen, freuen Sie sich darüber, wenn nicht, zwingen Sie sie zu nichts, das würde dem Vertrauensverhältnis zwischen Ihnen und den Tieren schaden. Als kleine Motivationshilfe können Sie Futterbelohnungen anbieten, z. B. auch als Anreiz bei Lernübungen. Viele Tierhalter lehnen Futterbelohnungen bei der Zähmung und beim Spielen ab. Entscheiden Sie selbst, wie Sie es halten wollen. Bevor Sie sich aber mit den Tieren beschäftigen, sollten Sie Ihre Hände mit Wasser waschen, damit die Tiere Sie stets an Ihrem Eigengeruch erkennen können. Sie können Ihre Hände auch in der Käfigstreu „waschen“, dann tragen Sie den Familienduft der Degus, was dazu führt, dass Ihnen die Tiere mehr Vertrauen entgegenbringen. Pluspunkte gibt es hiermit bei scheuen oder sehr vorsichtigen Tieren.

Laufrad

Viele Degu-Halter lehnen Laufräder grundsätzlich ab, andere empfehlen sie ausdrücklich. Eines scheint sicher: Die bewegungsfreudigen Tiere nehmen Laufräder gern an. Manche Degus laufen auch gerne zu

Nach langem Spielen ist auch der stärkste Degu einmal müde ...   Foto: N. Notzon

zweit oder gar zu dritt in Laufrädern, während andere Degus kein Interesse daran zeigen. Das Problem der „nach Laufrädern süchtigen Degus" entsteht meiner Ansicht nach nicht, wenn ein geräumiger Käfig mit vielen Versteck- und Spielmöglichkeiten abwechslungsreich eingerichtet worden ist. Laufräder sind allerdings kein Ersatz für einen großen Käfig, der artgerecht und vielfältig eingerichtet sein sollte – sie sollten lediglich als Zusatzangebot verstanden werden, wie LEITHOLD (2003) im Rahmen der Hamsterhaltung empfiehlt. Dies dürfte meiner Erfahrung nach uneingeschränkt auf die Degu-Haltung übertragbar sein.

Wenn Sie sich für ein Laufrad entscheiden, verwenden Sie nur solche Modelle, die durchgehend geschlossene Laufflächen sowie eine offene und eine komplett geschlossene Seite haben. Die offene Fläche darf keine Speichen aufweisen, und die Aufhängung muss gesichert sein, um Quetschungen und Amputationen zu vermeiden. Der Durchmesser darf nicht unter 30 cm liegen, damit sich die Tiere nicht unphysiologisch verbiegen müssen und Haltungsschäden bekommen. Nicht tiergerecht sind die im Handel angebotenen Laufkugeln aus Plastik – ihr Einsatz ist

Tierquälerei (vgl. TIERÄRZTLICHE VEREINIGUNG FÜR TIERSCHUTZ 1998)!

TIPP: QUIETSCHENDE LAUFRÄDER

Um Ihre Nerven zu schonen, können Sie quietschende Laufräder mit etwas Vaseline oder Melkfett schmieren. Nutzen Sie dafür nicht zu viel, denn manche Degus lecken das Fett ab und bekommen Durchfall.

Überraschungen und Spielideen für Degus

Folgende Tipps werden kleine Überraschungen ins Leben Ihrer Degus bringen:

Käfigeinrichtung verändern: Um Degus zu beschäftigen, können Sie Fertigfutter und Grünzeug in flachen Schalen verteilen und häufig die Futterplätze wechseln (allerdings nicht in der Eingewöhnungszeit). Stellen Sie ruhig auch mal die Äste und Steine um. Degus, die permanent ihr Revier kontrollieren, werden die Veränderungen registrieren und so zur weiteren Erkundung animiert. Keinesfalls dürfen jedoch wichtige „Landmarken" der Degus (bestimmte Äste oder Plattformen) verändert werden, da sich die Tiere an

Um Degus zu beschäftigen, kann das Futter im Käfig verteilt werden.
Foto: C. Ehrlich

so müssen sich die Degus bei ihrer täglichen Futtersuche bewegen und alles immer wieder kontrollieren.

Aussichtsturm: Wenn Sie mehrere Backsteine oder Tonröhren (z. B. Weinlagersteine aus dem Baumarkt) versetzt übereinander zur Treppe anordnen (unbedingt darauf achten, dass alles absolut einsturzsicher ist!), entsteht ein Turm, der als Klettergerät und Hochsitz dient. Außerdem nutzt er die Krallen beim Laufen über diese rauen Flächen ab. Tonröhren können auch gut im Zimmer als Parcours gelegt werden.

Hindernisparcours: Mit schmalen Holzbrettchen auf dem Käfigboden Hürdenstrecken aufbauen. Degus können ausgezeichnet springen, was ihnen gute Bewegung verschafft.

Degu-Höhle: Schlupflöcher in einen Stamm bohren. Degus können hindurchkriechen, die Gänge nagend erweitern usw.

Knabber-Spaß: Futter in eine enge Tonröhre legen und von beiden Seiten mit Heu zustopfen. Die Tiere müssen sich nun durch das Heu „kämpfen", um an das Futter zu gelangen.

Balanceakt: Ein Stück dickes Tau waagerecht im Käfig befestigen und als Balanciermöglichkeiten anbieten.

Schaukel: Aus einem alten T-Shirt oder Kopfkissenbezug können Sie eine Hängematte für Degus basteln. Die Befestigung muss allerdings nagezahnsicher sein, der Stoff darf nicht aus Frottee oder ähnlichem Material bestehen, da die Degus sonst mit ihren Krallen hängen bleiben könnten.

Wenn Sie die räumliche Möglichkeit haben, können Sie einen zweiten Käfig oder ein Terrarium zum Spielplatz umfunktionieren. Bieten Sie dort nur Gegenstände an, die zum Spielen und Toben animieren. Vergessen Sie aber auch zwei Zufluchtshäuschen und ein bisschen Futter nicht. Wenn die Degus dort eine Weile (20–30 min) gespielt haben, werden sie in ihren (hoffentlich ebenfalls nicht langweiligen) Käfig zurückgesetzt. So machen sie ab und zu einen „Ausflug", der zur Abwechslung beiträgt. Die Tiere sollten allerdings wirklich zahm sein, damit der Umzug

bestimmte „Routen" im Gehege gewöhnen und ggf. ins Leere springen.

Graben und Wühlen: In ihrer Heimat Chile legen Degus große Tunnelsysteme an. Auch bei uns in Menschenhand wühlen sie gerne (wenn man sie lässt). Um z. B. stereotypes Kratzen in einer Käfigecke zu verhindern, können Sie eine Mischung aus Einstreu und ungefähr 10 cm langen Heuhalmen mischen und als Substrat verwenden. In dieser Mischung können Degus gut Gänge graben, die sie eifrig nutzen – ggf. müssen Sie den unteren Käfigbereich abdichten, damit die Tiere nicht allzu viel von der Einstreu nach draußen schleudern.

Knabberbaum: In einen dicken Ast Löcher bohren, in die Löcher Gemüsestückchen stecken. Der Knabberbaum eignet sich als kleines Fitnesstraining, denn

Grünfutter muss täglich frisch gereicht werden.
Foto: C. Ehrlich

problemlos vonstatten geht und nicht latente Angst verstärkt.

DEGU-PFLEGEPLAN

Tägliche Arbeiten

Fütterung: Futter und Wasser reichen sowie ggf. Frischfutter

Wasserflasche: Wasserspender täglich mit heißem Wasser gründlich ausspülen (ohne Spül- oder Desinfektionsmittel, kein Zusatzmittel!) und auf Funktionstüchtigkeit überprüfen (Kalkablagerungen können das Rohr verstopfen)

Frischfutter als Gefahrenquelle: Frischfutter vom Vortag unbedingt aus dem Käfig nehmen, denn feuchtes und vergammelndes Futter verschimmelt und kann gefährliche Erkrankungen der Atemwege und des Verdauungstraktes begünstigen.

Gesundheitscheck: Kurze Beurteilung der Gesundheit aller Tiere

Wöchentliche Arbeiten

Einstreuwechsel: Meines Erachtens reicht es, die Einstreu des Käfigs einmal wöchentlich zu wechseln. Wenn Ihr Degu-Heim eine herausnehmbare Blechwanne oder -schale besitzt, können Sie die Wanne mit heißem Wasser (z. B. in der Dusche) und einem sehr milden Spülmittel auswaschen. Verwenden Sie keine chemischen Zusätze oder ätzenden Scheuermittel. Trocknen Sie die Wanne gut (Schimmelgefahr!). Wenn Sie eine Desinfektion wünschen, dann

bitte nur mit geeigneten Mitteln aus dem Zoofachhandel (und das Desinfektionsmittel lange genug einwirken lassen). Quartieren Sie Ihre Tiere während der Arbeit in einen Ersatzstall um, das erspart Hektik und Stress für alle Beteiligten. Wenn Sie besonders zahme und neugierige Degus haben, können Sie sie auch aus dem Stall lassen und ihnen während der Reinigung Auslauf gönnen. Aber Vorsicht: Wenn Degus frei herumlaufen, könnten sie zwischen Ihre Füße geraten, vom Staubsauger überrollt werden oder ungesehen in eine Mülltüte fallen. Wenn Sie die Tiere nicht im Auge behalten, könnten die Nager auch Ihre Wohnungseinrichtung mit Kerben „verschönern".

Reinigung der Einrichtungsgegenstände: Etagen und andere stark verschmutzte Einrichtungsgegenstände reinigen, aber nicht alles „durcheinander bringen" – stellen Sie die Schlafhäuschen wieder an dieselbe Stelle, die Plätze für Spielvorrichtungen können Sie zur Abwechslung der Degus variieren.

Futter- und Wasserbehälter: Futternäpfe und Wasserspender mit Flaschenbürste reinigen, hier keine Zusätze wie Spülmittel oder Desinfektionsmittel verwenden

Nagerdeos und andere Parfüms: Verwenden Sie keine so genannten Nagerdeos, diese „irritieren" nur den empfindlichen Geruchssinn der Tiere. Das gilt auch für parfümierte Einstreu. Die Einstreu sollte außerdem natürlich nicht chemisch behandelt worden sein. Degus mögen es so natürlich wie möglich.

Monatliche Arbeiten

Hausputz: Käfig komplett reinigen, evtl. ein Desinfektionsmittel verwenden

Erneuerung: Verschmutzte Hölzer (Äste, Etagen aus Holz) reinigen bzw. nach angemessener Zeit erneuern, da Holz den Urin der Tiere aufnimmt und so zu Geruchsbelästigung und Vermehrung von Krankheitserregern führen kann

Reinigung: Steine in heißem Wasser bürsten, da sie oft mit Urin markiert werden.

Gesundheitscheck: Zahn- und Fellkontrolle

TIPP: FELLKONTROLLE

Mit dem Finger gegen die Wuchsrichtung der Haare streichen und die Haut auf kahle Stellen, Entzündungen, Krusten und Parasitenbefall untersuchen

Degu-Wurf, kurz nach der Geburt
Foto: N. Notzon

Die Nachzucht in einer Degu-Familie sollte gut
durchdacht sein. Foto: K. Kunz

NACHWUCHS BEI FAMILIE DEGU

WAS ZU BEDENKEN IST

Eine Zucht muss sehr verantwortungsvoll durchgeführt werden. Hierzu sind umfangreiche biologische (z. B. genetische) und veterinärmedizinische Kenntnisse erforderlich. Denn allzu oft entstehen aus Unkenntnis Inzuchttiere. Inzucht (also die Erzeugung von Nachkommen durch miteinander verwandte Tiere) bewirkt durch Häufung gleicher Erbanlagen eine Vereinheitlichung der Individuen eines Stammes und die Verminderung der Anpassungsfähigkeit bei Änderung der Umweltbedingungen, vor allem aber eine Anhäufung schädlicher Erbanlagen. Die Folge sind schwere Erkrankungen und Störungen der Tiere. So steht z. B. auch die bei Degus gefürchtete Zuckerkrankheit (Diabetes mellitus) im Verdacht, durch Züchtungsfehler begünstigt zu werden. Es darf daher nur mit in jeder Hinsicht gesunden Tieren gezüchtet werden, denn auch äußerlich gesunde Tiere können Erbanlagen für Krankheiten an ihre Jungen weitergeben.

Weder Degus noch Menschen „freuen" sich nach missglückter Zucht über nicht lebensfähige oder kranke/missgebildete Jungtiere. Abgesehen davon kann eine nicht fachgerecht durchgeführte Vermehrung von Degus auch für die Elterntiere lebensgefährlich werden (z. B. durch Geburtsschwierigkeiten). Man denke nur an die Probleme bei Kaninchen und Meerschweinchen, die aufgrund unzureichender

Zuchtkenntnis entstanden sind und den Tieren ein nicht tiergerechtes und oft qualvolles Leben bescheren. Das kann nicht im Sinne der Tiere sein!

Wahllose Degu-Zucht ist auch aus einem anderen Grund zu vermeiden: Wohin mit dem Nachwuchs? Degu-Junge müssen nach ihrem Erwachsenwerden (mit rund 5–6 Wochen) in verantwortungsbewusste Hände abgegeben werden. Das ist nicht leicht, denn die Nachfrage an Degus ist vielerorts zurzeit „gesättigt". Zeichen dafür sind u. a. die Tierheime, die inzwischen gelegentlich Degus zur Vermittlung anbieten, und die unzähligen Kleinanzeigenmärkte, in denen Degu-Nachwuchs verkauft oder verschenkt werden soll. Das Argument, eine private Zucht helfe vom Aussterben bedrohte Tierarten vor der Ausrottung zu schützen, mag auf viele Spezies zutreffen, aber für Degus gilt das schon lange nicht mehr.

Aus diesen Gründen bitte ich Sie, sich gut zu überlegen, ob Ihre Degus wirklich Nachwuchs bekommen sollten.

WENN JUNGE DA SIND

Sollten Sie ein trächtiges Weibchen erstanden haben oder unwissentlich Männchen und Weibchen gemeinsam halten, werden Sie früher oder später mit Nachwuchs in der Degu-Familie konfrontiert. Sind Junge zu erwarten, sollten die Störungen am Käfig so gering wie möglich sein, damit es nicht zu Früh- bzw. Fehlgeburten kommt. Vermeiden Sie Stress durch Käfigandortwechsel, Vergesellschaftung neuer Degus, Umzüge etc.

Über die Geburt brauchen Sie sich wenig Gedanen zu machen, die läuft meist in den frühen Morenstunden ohne Probleme ab. Stören Sie dabei icht. Wenn die Geburt beendet ist, widerstehen Sie em Drang, sofort ins Häuschen gucken zu wollen. Jber Geburtsschwierigkeiten können Sie sich unter Ausscheidungs- und Geschlechtsorgane" im Kapitel Erkrankungen und Störungen" informieren.

Säugende Degu-Weibchen sind im Gegensatz zu ielen anderen Kleinnagern gegen kurze Nestkonollen nicht empfindlich. Lang anhaltende Störunen können aber dazu führen, dass die Weibchen ihre ungen verlassen oder in sehr seltenen Fällen sogar öten. Kontrollieren Sie einige Stunden nach der Geurt das Häuschen und entfernen Sie evtl. Totgeburen oder nicht aufgefressene Nachgeburten. Aber önnen Sie den Jungen gut eine Woche, bevor Sie ich intensiver mit ihnen beschäftigen.

Wenn Sie eine gemischtgeschlechtliche Gruppe alten, müssten Sie den Vater eigentlich nicht aus em Käfig verbannen, denn er bewacht und wärmt ie Jungen. Sie sollten ihn aber dennoch (am besten chon vor der Geburt) herausnehmen, da das Weibhen unmittelbar nach der Geburt wieder empfängisbereit ist und sich erneut verpaaren könnte. Um veiteren Nachwuchs nach drei Monaten auszuchließen, sollten Sie das Männchen kastrieren lassen der mit anderen Männchen vergesellschaften. Mahen Sie sich keine unnötigen Sorgen um den Nachvuchs: Wird der Vater vor der Geburt herausgenomen, wird seine Funktion von anderen Gruppenmitliedern übernommen. Degu-Babys brauchen keine Zusatznahrung, alles, was sie benötigen, liefert ihnen ie Muttermilch.

Trennen Sie den Degu-Nachwuchs frühestens mit echs Wochen von der Mutter. Da Degus sehr soziale iere sind, benötigen sie das Aufwachsen mit Artgeossen, sonst können schwere Verhaltensstörungen ie Folge sein. Machen Sie sich aber schon bei der nkunft der Jungen Gedanken darüber, wo und wie e den Nachwuchs unterbringen wollen (Freunde/ Beannte? Zoohandlungen? Inserate?). Bitte vergewisern Sie sich, dass die Tiere wirklich gut und bei verntwortungsbewussten Tierfreunden unterkommen.

Wundern Sie sich nicht, wenn die Degu-Jungen

Mutterlose Degu-Babys können mit Ersatzmilch aufgezogen werden. Foto: H. Schöning

schon nach wenigen Tagen an fester Nahrung (z. B. Heu) interessiert sind. Das hat nichts damit zu tun, dass sie zu wenig Milch bekämen. Der Übergang von der Muttermilch zur festen Nahrung ist fließend. So können sich Magen und Darm der kleinen Degus allmählich an die schwerer verdaulichen Nahrungsbestandteile gewöhnen. Über wild lebende Degus wurde sogar berichtet, dass sie Gras rupfen und in den Bau zu den Jungen bringen, damit diese frühzeitig anfangen, festere Nahrung zu fressen (NOWAK 1999).

HANDAUFZUCHT

Ist die Mutter bei der Geburt gestorben oder mussten die Jungen von der Mutter, die sie töten wollte, getrennt werden, müssen die kleinen Degu-Jungen mit der Hand aufgezogen werden. Dazu benötigen Sie eine Ersatzmilch, die folgende Zusammensetzung haben sollte (ROTH 2004a): 1 Teil Säuglingsersatzmilch für Menschen, 1 Teil süße Sahne, 1 Teil flüssiges Eigelb, dazu ca. 10 % der Gesamtmenge Wasser hinzufügen und alles gut vermischen.

Stellen Sie die Ersatzmilch täglich frisch her und bewahren Sie sie im Kühlschrank auf. Achten Sie aber darauf, dass die Ersatzmilch beim Verfüttern unbedingt lauwarm (nicht zu heiß!) sein muss, denn zu kalte Milch würde zu Verdauungsproblemen der Degu-Babys führen und könnte den Erfolg der Handaufzucht gefährden.

Um die Milch zu verabreichen, sollten Sie sich eine 1-ml-Spritze (natürlich ohne Nadel!) besorgen

Mit etwas Pflege wachsen junge Degus schnell heran.
Foto: A. Neumann

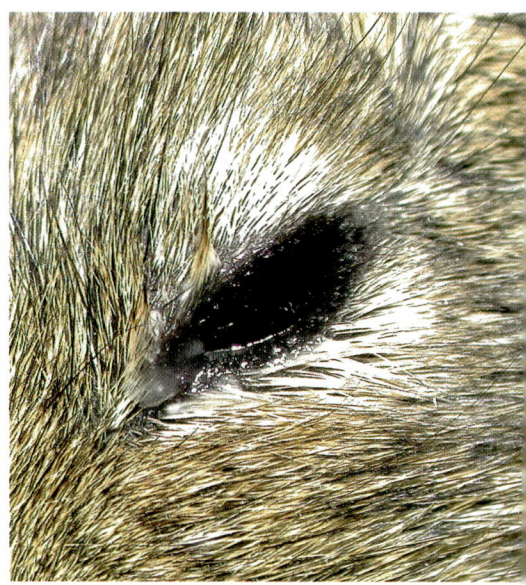

Verkrustete Augen sind ein Krankheitszeichen: Ab zum
Tierarzt! Foto: N. Notzon

(bitten Sie Ihren Hausarzt oder Tierarzt um Hilfe oder fragen Sie in der Apotheke nach). Ziehen Sie die Spritze mit der Milch auf, drehen Sie die Spritze mit der Öffnung nach oben und entfernen Sie durch leichten Druck auf den Kolben der Spritze evtl. vorhandene Luftblasen. Überprüfen Sie noch einmal, ob die Spritze bzw. der Inhalt auch immer noch lauwarm ist, ansonsten die Spritze unter einem warmen Wasserstrahl aufwärmen.

Die Degu-Jungen benötigen in den ersten sieben Lebenstagen alle 2–3 Stunden 0,25–0,5 ml dieser Ersatzmilch pro Tier. Wie viel Sie verfüttert haben, können Sie an der Beschriftung der Spritze ablesen. Daher sollten Sie sich vor dem Verfüttern gut merken, wie voll die Spritze war, denn die Jungen dürfen nicht überfüttert und schon gar nicht „gemästet" werden. Nachts dürfen Sie etwas größere Pausen einlegen. Wenn Sie also spät abends und gleich früh am Morgen füttern, genügt ein nächtliches Füttern der Jungen. Nach rund einer Woche können Sie die Fütterungsabstände kontinuierlich erhöhen.

Wichtig ist, dass Sie Ersatzmilch, die beim Füttern in Nase oder Fell der Jungen geraten ist, entfernen.

DER DEGU ALS PATIENT

KRANKHEITSZEICHEN

Degus sind robuste Nagetiere, die bei optimalen Haltungsbedingungen selten ernsthaft erkranken. Auf unbekannte Situationen, Stress (z. B. falscher Käfigstandort, sozialer Druck in der Degu-Gruppe), Langeweile (ungenügende Ausstattung des Käfigs) und Krankheitserreger können Degus jedoch mit Gesundheitsproblemen reagieren. Diese zeigen sich aber oft erst im fortgeschrittenen Stadium, was die Heilungsaussichten deutlich verschlechtert. Rasches Handeln ist in jedem Fall erforderlich. Deshalb sollte schon bei der Anschaffung der Degus die Adresse eines kleintiererfahrenen Tierarztes bereit liegen. Wenn Sie sich erst um diese Adresse kümmern, wenn sozusagen das Kind in den Brunnen gefallen ist, verlieren Sie wertvolle Zeit.

Zunehmend wird auch bei Kleintieren selbst an Krankheitssymptomen herumgedoktort, was unbedingt zum Wohle der Tiere unterlassen werden sollte. Bei ernsten Erkrankungen erreichen Sie bestenfalls

Gesunde Degus haben gläzendes Fell, klare Augen und sind sehr neugierig. Foto: C. Stehr

nichts, meist aber wird sich der Zustand verschlimmern, und so haben Sie Intensität und Dauer der Krankheit sowie das Leiden für Ihr Tier nur vergrößert. Es versteht sich von selbst, keine Mittel aus der eigenen Hausapotheke zu verwenden!

Auch wenn es banal klingt, aber achten Sie auf gute Haltungsbedingungen und füttern Sie Ihre Tiere richtig, damit beugen Sie am besten Krankheiten und Störungen aller Art vor.

TIPP: GESUNDHEITS-CHECK

Wenn Sie Ihre Degus jeden Tag versorgen, werden Ihnen (krankhafte) Veränderungen schnell auffallen. Dann heißt es Handeln statt Abwarten!

Zeichen eines gesunden Degus

Allgemeineindruck: Degus sind schlank und agil. Dicke Degus sind trächtige Weibchen, fettleibige Tiere durch Fehlernährung und/oder bereits an Diabetes erkrankte Exemplare.

Verhalten: Degus sind neugierig und an allem interessiert. Sie sitzen nicht apathisch in der Ecke. Sollten Sie es doch tun und nicht gerade eine Mittagsstunde nehmen, sind die Tiere möglicherweise krank oder verhaltensgestört.

Bewegung: Degus sind sehr bewegungsfreudig und gerne auf Achse, dabei wird gespielt und miteinander kommuniziert.

Fell: Das Fell hat keine kahlen Stellen, liegt glatt an und ist nur bei frierenden oder verärgerten Degus gesträubt.

Schwanz: Der Schwanz ist lang, behaart und trägt am Ende eine Haarquaste.

Füße: Die Krallenlänge ist angemessen. Überlange Krallen, die zur Seite oder nach oben wachsen, müssen gekürzt werden, weil sie die Bewegungsfreiheit der Tiere einschränken und Schmerzen verursachen.

Zähne: Die Zähne dürfen bei geschlossenem Maul nicht herausragen. Andernfalls müssen sie gekürzt werden, da Degus sonst in der Nahrungsaufnahme eingeschränkt sind und (unter Schmerzen durch die Zahnanomalie) abmagern können. Es sind schon Degus vor vollen Fressnäpfen verhungert!

Ohren: Die Ohren müssen sauber und frei von Krusten sein.

Augen: Die Augen sind bei gesunden Degus klar und nicht trübe.

Nase: Das Degu-Näschen ist normalerweise trocken und zeigt keinen Ausfluss.

Schnauze: Das Maul darf keine Beläge und Krusten aufweisen.

Afterregion: Die Afterregion ist normalerweise sauber. Eine kotverschmierte Region weist auf Durchfall hin. Geben Sie den Degus kein Frischfutter mehr und fragen Sie ggf. Ihren Tierarzt.

Anzeichen für einen kranken Degu

Allgemeines Verhalten: Das Tier sitzt apathisch im Käfig.

Fressverhalten: Der Degu frisst und trinkt deutlich weniger als normal; ein Zeichen von Abmagerung sind z. B. eingefallene Flanken.

Gewichtsentwicklung: Der Degu hat in den letzten vier Wochen sichtlich an Gewicht verloren. Bei Verdacht Gewichtskontrollen! Daher sollte man seine Tiere regelmäßig wiegen und die Ergebnisse festhalten, um im Bedarfsfall über das Normalgewicht der Degus Bescheid zu wissen.

Atmung: Der Degu atmet schnell, schwer und flach. Man hört ihn röcheln und/oder niesen.

Augen: Bei einem gräulichen Schleier besteht Verdacht auf eine Linsentrübung, auch „grauer Star" (Katarakt) genannt.

Sekretion: Es zeigt sich ein vermehrter Speichelfluss (Zahnprobleme!). Der Degu hat ständig Ausfluss aus Augen und/oder Nase.

Fell: Der Degu kratzt sich auffallend häufig, hat Haarausfall oder Kahlstellen im Fell, das manchmal struppig aussieht. Auch ein ständig gesträubtes Fell ist ein Alarmzeichen.

Verdauung: Der Degu hat anhaltende Verdauungsprobleme und Durchfall (kotverschmierter Afterbereich).

Bewegungsapparat: Der Degu zeigt kraftlos hängende Gliedmaßen, Hinken oder Lähmungserscheinungen.

Schmerzen: Der Degu hat Krämpfe und fiept womöglich vor Schmerzen.

Verhaltensstörungen: Bei Degus sind Stress oder Langeweile die häufigsten Auslöser für Verhaltensstörungen. Meist wollen die Tiere der Ursache entkommen, was ihnen durch Gitter oder Glas verwehrt wird. Ihr ständiges In-der-Ecke-Hochspringen oder das Nagen am Gitter sind also für den Halter Alarmzeichen. Stress kann durch einen falsch gewählten Standort der Behausung oder durch sozialen Druck innerhalb der Degu-Gruppe entstehen, Langeweile durch ungenügende Ausstattung der Unterkunft oder einseitige Fütterung.

Erste Maßnahmen

Grundsätzlich gilt, dass ein zügiges Eingreifen bei Erkrankungen sehr wichtig ist, sodass Sie lieber ein Mal zu viel als zu wenig zum Tierarzt gehen sollten.

Bei Krankheitsverdacht sollten Sie folgendermaßen agieren: Separieren Sie den kranken Degu in einen Einzelkäfig (damit sich die anderen Tiere nicht anstecken), bringen Sie ihn in einen ruhigen, zugfreien, gut temperierten Raum und stellen Sie die Frischfuttergabe ein. Verzichten Sie bitte auf eine Selbstbehandlung, die bestenfalls nichts bringt, oft aber das Leiden der Tiere verlängert und verschlimmert. Folgen Sie den Anweisungen Ihres Tierarztes.

Tierarztbesuch

Auf der Fahrt zum Tierarzt sollte sich der Degu in einem kleinen, zugfreien Transportkäfig befinden. Geben Sie eine Hand voll Einstreu aus dem Käfig hinein, denn der vertraute Geruch beruhigt das Tier. Vermeiden Sie unnötige Berührungen oder Bewegungen, Sie könnten dem Tier zusätzliche Schmerzen bereiten. Seien Sie auf folgende Fragen des Tierarztes vorbereitet und machen Sie sich ggf. vorher Notizen.

- Dauer der Erkrankung: Seit wann ist der Degu krank?
- Symptome: Woran haben Sie erkannt, dass der Degu krank ist?
- Verbreitung/Ausdehnung: Sind die anderen Degus auch erkrankt?
- Rezidiv: Hatte der Degu schon einmal solche oder ähnliche Krankheitszeichen?
- Veränderungen: Hat sich etwas Grundlegendes in der Haltung geändert (Umzug, Halter- und/oder Käfigwechsel, anderes Futter, neue Tiere in der Gruppe)?

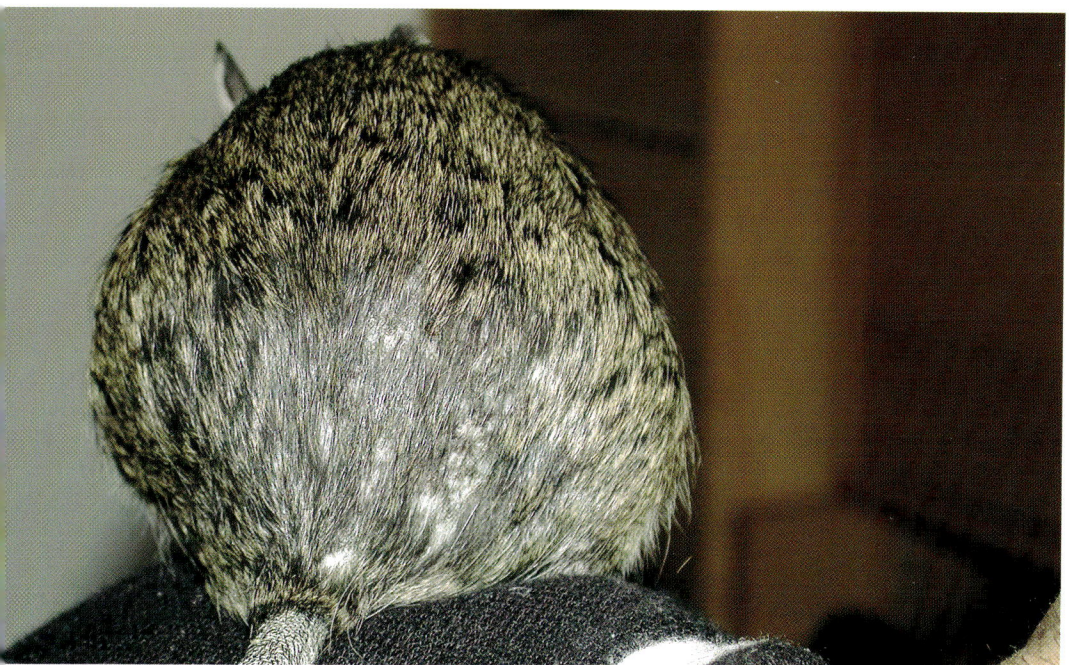

...ellveränderungen können z. B. durch übermäßiges Bekraulen, Parasiten oder auch im Alter auftreten. Foto: N. Notzon

ERKRANKUNGEN UND STÖRUNGEN

HAUT UND HAUTANHANGSGEBILDE

...ie äußere Haut (Cutis) weist drei Schichten auf: ...berhaut (Epidermis) aus Epithel, Lederhaut (Co...um) aus straffem Bindegewebe und Unterhaut ...ubcutis) aus fettgewebereichem, lockerem Binde...ewebe (RUDELT 2001). Zu den Hautanhangsge...lden werden Hautdrüsen, Haare und Nägel (Kral...n) gezählt. An ihrem Aufbau ist das umliegende ...indegewebe beteiligt.

Haarausfall (Alopezie)

...n lokaler Haarausfall wird oft durch Parasitenbe...ll oder Mangelernährung ausgelöst. Oft lichtet sich ...ei älteren Degus das Fell am Bauch. Möglicherweise ...t aber auch ein an sich normales Sozialverhalten, ...as gegenseitige Kraulen und Beknabbern des Fells ...s Zeichen der Zusammengehörigkeit, gesteigert und führt zu partiellem Haarverlust. Hier spielt der soziale Druck in der Degu-Gruppe eine große Rolle, aber auch Langeweile durch zu geringe Käfiggröße (zu viele Degus in einem zu kleinen Käfig) oder mangelnde Abwechslung. Überprüfen Sie kritisch die Haltungsbedingungen Ihrer Degus.

Biss-, Kratz- und Rissverletzungen

Bei Kämpfen, Befall mit äußeren Parasiten oder Verletzungen durch die Käfigeinrichtung (z. B. Nägel) kann es zu Biss-, Kratz- und Rissverletzungen kommen. Oft verursachen gerade Parasiten einen Juckreiz, der die Degus veranlasst, mit Hilfe ihrer Zähne die Wunde offen zu halten, sodass Infektionen die Folge sein können. Solche (infizierten) Wunden erkennen Sie an lokal verklebten Fellpartien oder kahlen Stellen, die bluten oder verkrustet sein können. Der Tierarzt wird die Wunden versorgen und ggf. die Ursache (z. B. bei Parasitenbefall) behandeln. Sollten die Verletzungen durch äußere Einflüsse wie hervorstehende Nägel im Käfig entstanden sein, müssen alle Gefahrenquellen beseitigt werden.

Bakterielle Hautentzündung (Diplokokkendermatitis)

Bei der Diplokokkendermatitis handelt es sich um bis zu kirschkerngroße Hautwucherungen, die von paarweise zusammenhängenden kugelförmigen Bakterien (Diplokokken) besiedelt werden. Begleitet wird die Diplokokkendermatitis gelegentlich von Nekrosen (abgestorbene Gewebeteile) und Haarausfall an der betreffenden Stelle. Der Tierarzt wird einen Erregernachweis vornehmen, um das richtige Antibiotikum zu verschreiben.

Übermäßiges Krallenwachstum

Haben Degus zu wenige Möglichkeiten, ihre ständig nachwachsenden Krallen auf rauem Untergrund wie z. B. auf Steinen abzunutzen, können die Krallen so lang werden, dass sie die Tiere beim Laufen behindern, in die Ballen wachsen und schließlich Schmerzen verursachen. Die Krallen müssen dann vom Tierarzt gekürzt werden, damit die im Nagel verlaufenden Blutgefäße nicht verletzt werden. Sorgen Sie nach dem Beschneiden der Krallen für ausreichend raue Laufläche, um einem erneuten Krallenbeschnitt vorzubeugen.

Schwanzhautabriss

Der Schwanz der Degus weist außer seiner schwarzen Behaarung und Funktion als Kommunikationsmittel und Balancierhilfe eine Besonderheit auf, denn er verfügt über eine Art „Sollbruchstelle". Das bedeutet, dass bei Überbeanspruchung am äußeren Schwanzende die Haut reißt, über die Muskulatur rutscht und ein blutig rotes Schwanzende freigibt. Dieses Stück ist nach kurzer Zeit (7–10 Tage) eingetrocknet und wird dann vom Degu – sehr wahrscheinlich aufgrund eines Juckreizes, wie wir ihn von unserer eigenen Wundheilung her kennen – abgebissen. Die Wunde heilt in der Regel problemlos ab. Andererseits können durch eine unverzügliche operative Entfernung des freiliegenden Schwanzendes durch einen Tierarzt die tagelangen Schmerzzustände und mögliche Infektionsrisiken verhindert werden.

Wenngleich der Schwanz nicht nachwächst, haben die Degus keine beobachtbaren Nachteile durch die Einbuße dieses Körperteils, wenn man von einer sehr geringfügig eingeschränkten Balancier- und Steuerhilfe, die der Schwanz nun mal ist, absieht. Die

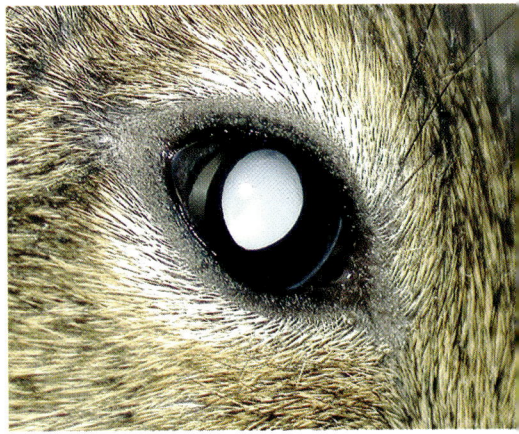

„Grauer Star" (Katarakt) – eine Linsentrübung – aufgrund einer Zuckerkrankheit Foto: N. Notzon

Funktion dieser Selbstverstümmelung, die bei Tiere auch Autotomie genannt wird, liegt sehr wahrschei lich darin, dass sich Degus, die in freier Wildbah von ihren Feinden (Raubtieren und -vögeln) gepack werden, mit dieser Möglichkeit dem Griff des Fein des – im wahrsten Sinne des Wortes – entziehen un so ihr Leben retten können.

SINNESORGANE

Bindehautentzündung (Konjunktivitis)

Degus können durch Fremdkörper oder bakteriell Erreger eine Bindehautentzündung bekommen, di vom Tierarzt mit einer antibiotischen Augensalb behandelt wird. Symptome sind verschmierte bzw tränende Augen.

Grauer Star (Katarakt)

Als Folge der Zuckerkrankheit, des so genannte Diabetes mellitus, kann eine diabetesbedingte Trü bung der Augenlinse durch eindiffundierendes Wa ser (meist beidseits) auftreten, die auch Catarac diabetica genannt wird und zur Erblindung führ Außer Diabetes können auch andere Faktoren, w Infektionen, Allergien und Intoxikationen (Vergi tungen), beteiligt sein (FEHR et al. 2005) oder abe genetische und ernährungsbedingte Faktore (BROWN & ROSENTHAL 2002). Bei der Katara bleibt die physiologische Pupillenreaktion erhalte was bedeutet, dass Degus mit einer Katarakt noch Hell und Dunkel unterscheiden und sich mit Hilfe von Tasthaaren, Gehör und Geruchsinn orientieren können. Veränderungen der Käfigeinrichtung sollten nur noch sehr umsichtig vorgenommen werden. Vorsicht auch bei Berührungen, da der Degu den Halter oft mit Verspätung wahrnimmt.

Beim Menschen kann die Katarakt operativ behoben werden. Beim Degu jedoch ist dies aufgrund der geringen Augenlinsengröße als nicht realistisch einzuschätzen (ROTH 2002, 2003). Viele Halter beobachten eine Linsentrübung, die zu gewissen Zeiten abzunehmen scheint. Dieses Phänomen beruht auf einem unterschiedlichen Lichteinfall, der den grauen Schleier mehr oder weniger deutlich hervortreten lässt. Eine Katarakt verbessert sich nicht von allein.

Vorsicht ist auch bei anderen Veränderungen am Auge geboten, denn z. B. durch Verletzungen kann es zu Hornhautabszessen oder -geschwüren kommen, die vom Tierarzt versorgt werden müssen.

HERZ, KREISLAUF UND LUNGE

Herz-Kreislauf-Erkrankungen

Bei Degus sind eigenständige Herz-Kreislauf-Erkrankungen nach FEHR et al. (2005) nicht bekannt, können aber im Rahmen von Überhitzung, traumatischen Einwirkungen oder im Verlauf von Infektionskrankheiten auftreten. So kann es u. a. zu einem hypolämischen Schock (Untertemperatur, erhöhte Herz- und Atemfrequenz, kühle Extremitäten und Körperoberfläche) kommen, aber auch zu einem Hitzschlag (erhöhte Temperatur, flacher Puls und beschleunigte Atmung, Seitenlage) sowie zu einer Herz-Kreislauf-Insuffizienz (bläulich verfärbte Lippen/Schleimhäute, Atemnot, erhöhte Herzfrequenz, Apathie und Abmagerung, zusammengekauerte Sitzhaltung, gesträubtes Fell, kalte Füßchen).

Lungenentzündung (Bronchopneumonie)

Zu den häufigsten Erkrankungen beim Degu gehören nach FEHR et al. (2005) Lungenentzündungen (Pneumonien), die oft mit Schnupfen (Rhinitis) und/oder einer Bindehautentzündung der Augen (Konjunktivitis) einhergehen. Auslöser sind Mikroorganismen (Mikrokokken, *Staphylococcus aureus*, Klebsiellen, *Pseudomonas aeruginosa*), die durch eine klassische Tröpfcheninfektion, aber auch über Husten, Staub oder über das Futter übertragen werden können. Verschlimmernd wirken sich Stress, Nährstoffmangel sowie zusätzliche Erkrankungen aus.

Allgemeine Symptome erkrankter Degus sind gesträubtes Fell, Apathie, evtl. tränende/verschmierte Augen, feuchte Vorderpfötchen durch die Putzversuche sowie Appetitlosigkeit. Hinzu kommen spezifischere Symptome, wie Niesen, eine schwere, pumpende Atmung bzw. Maulatmung, evtl. Atemnot und Ausfluss aus der (verkrusteten) Nase. Nach FEHR et al. (2005) kann die Erkrankung auch symptomlos verlaufen und nach 1–4 Tagen unter Krämpfen zum Tod führen. Steigt die Erkrankung bis zum Mittelohr auf, verursacht die Infektion durch Beteiligung des dort ansässigen Gleichgewichtsorganes auch Gangunsicherheiten und eine typische Schiefhaltung des Kopfes.

Bei Krankheitsverdacht ist das Tier von der Degu-Gruppe zu separieren, um Ansteckung des gesamten Bestandes zu vermeiden. Da Lebensgefahr besteht, sollten Sie so schnell wie möglich einen Tierarzt aufsuchen, der mit Medikamenten (Antibiotika) eine geeignete Therapie einleiten kann, die Sie dann zu Hause fortführen (Gabe eines Antibiotikums, Behandlung der Augen mit einer antibiotischen Salbe etc.). Hier helfen keine Hausmittel! Zusätzlich können Sie bei Erkältungserscheinungen oder Lungenentzündung Rotlicht auf einen Teil des Käfigs richten, aber nur so, dass der Degu der Wärme bei Bedarf ausweichen kann.

ZÄHNE, MAGEN UND DARM

Überlange Zähne und Zahnfehlstellungen

Zahnprobleme entstehen durch zu wenig Raufutter und mangelnde Nagemöglichkeiten sowie durch eine fehlerhafte Stellung der Kiefer und Anomalien im Neigungswinkel der Backenzähne. Überlange Zähne müssen vom Tierarzt gekürzt werden, da das Tier sonst vor einem gefüllten Fressnapf verhungern kann. Problematisch ist auch die so genannte Brückenbildung, ein Phänomen, bei dem die Backenzähne der Degus zur Zunge hin wachsen, bis sie sich ggf. berühren.

Sie erkennen Zahnprobleme daran, dass Ihr Degu unter Umständen nicht mehr nagt, kaum noch

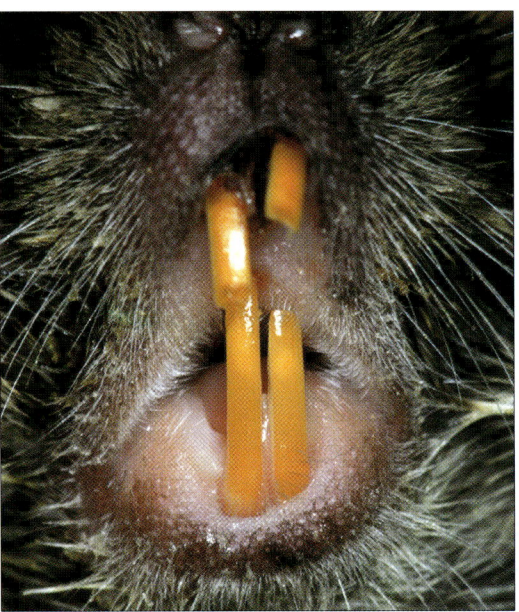
Degu mit ausgebrochenen Schneidezähnen
Foto: Prof. Dr. M. Fehr

Zahnfleischgeschwulst (Epulis)

Degus können aber auch unter einer so genannten Epulis leiden. Hierbei handelt es sich um eine halbkugelige oder pilzförmige, meist gutartige Granulationsgewebebildung, die dem Alveolarfortsatz aufsitzt. Der Alveolarfortsatz ist der sich am Kieferkörper befindende, mit Alveolen (knöcherne Zahnfächer, in denen die Zähne mit speziellem Gewebe „aufgehängt" sind) versehene Knochenbogen.

Die Epulis muss vom Tierarzt operativ entfernt werden. Sie ist kein echter, autonom wachsender Tumor, sondern ein entzündlich reaktives Granulom (Gewebeneubildung durch entzündliche Prozesse evtl. mit Eiteransammlung in einem geschlossenen Raum). Als Ursachen gelten chronische lokal-entzündliche und mechanisch-irritative Reizeinflüsse.

Magen-Darm-Entzündung (Gastroenteritis)

Die Gastroenteritis, die auch Darmentzündung oder Darmkatarrh genannt wird, entsteht durch Ernährungsfehler (falsches und/oder verdorbenes Futter und Bakterieninfektionen).

Erkrankte Degus zeigen ein gesträubtes Fell, werden apathisch und verlieren ihren Appetit. Wichtiges Symptom ist der (evtl. schaumige) Durchfall, der zu einer kotverschmierten Afterregion und zu einem seltsam staksigen Gang der Tiere führt. Der Durchfall kann eine Abmagerung und Exsikkose (starker Flüssigkeitsverlust bis zur lebensgefährlichen Austrocknung) verursachen.

Den Kot sollten Sie am besten jeden Tag kontrollieren. Bei genügend Ballaststoffen setzen Degus kleine, ca. 5 mm große, dunkelbraune „Böhnchen" ab. Bei Durchfall werden die Böhnchen weicher, können platt getreten werden und kleben am Sitzbrett, bis schließlich breiig verschmierte Sitzflächen (und Afterregionen) auftreten.

Als Erstmaßnahme ist die Gabe von Frischfutter (z. B. Gemüse, Blätter) sofort einzustellen. Füttern Sie zunächst für rund einen Tag frisches und ein

oder gar nicht mehr frisst, verspeichelte Mundwinkel hat und evtl. sogar abgemagert. Durch die verminderte oder fehlende Nahrungsaufnahme kann es zusätzlich zu erheblichen Mangelerscheinungen kommen. Kontrollieren Sie daher regelmäßig Länge und Stellung der Zähne Ihrer Degus.

Haben Sie Zahnanomalien entdeckt, reichen Sie bis zur Behandlung durch den Tierarzt Gemüse-Fertignahrung aus Gläsern, damit der Degu nicht noch mehr entkräftet. Diese Fertignahrung bekommen Sie in den meisten Supermärkten, Kaufhäusern und Drogerien in der Abteilung für Säuglingsbedarf. Bei der Auswahl müssen Sie darauf achten, dass die Kost kein Obst und keinen Zucker enthält!

Manche Degus schlecken den Brei aus einem Näpfchen. Sie können ihn aber auch in eine nadellose Spritze füllen und dem Degu behutsam seitlich ans Mäulchen spritzen; beim Ablecken kommen die Tiere nicht selten auf den Geschmack und nehmen die Nahrung dann direkt von der Spritze auf. Frisst das Tier nicht freiwillig, müssen Sie eine Zwangsernährung vornehmen; das Vorgehen erläutere ich weiter unten im Kapitel „Magen-Darm-Entzündung".

wandfreies Heu, reichen Sie dazu in der Nippelfla-sche verdünnten schwarzen Tee. Kochen Sie dann nach diesem „Heutag" Ihrem Degu ein Futter, das aus Reis *oder* Haferflocken *und* Möhren besteht; verwenden Sie zum Kochen Wasser. Lassen Sie das Futter entsprechend abkühlen, damit sich das Tier keine Verbrennungen zuzieht. Alternativ können Sie die Baby-Gemüse-Fertignahrung (s. o.) nehmen, aber bitte nicht eiskalt aus dem Kühlschrank.

Will Ihr Degu nicht freiwillig fressen, müssen Sie ihn zwangsernähren: Füllen Sie hierzu den pürierten Brei, dem Sie zusätzlich eingeweichte zuckerfreie Pellets beigemengt haben, in eine Spritze (vom Tier- oder Hausarzt holen bzw. in der Apotheke kaufen). Das weitere Vorgehen besteht darin (vgl. ROTH 2004 b), den Degu so in ein Handtuch zu wickeln, dass nur noch der Kopf herausschaut und die Prozedur nicht durch strampelnde Vorderpfötchen gestört wird. Halten Sie den Degu-Kopf im Wangenbereich mit zwei Fingern fest und führen Sie die nadellose (!) Spritze vorsichtig bei den „Mundwinkeln" hinter den Schneidezähnen ein. Drücken Sie den Brei behutsam und in kleinen Mengen ins Mäulchen. Der Degu darf bei dieser Prozedur keinen Brei versehentlich in die Nase bekommen oder gar „einatmen", er könnte daran ersticken! Sind Sie unsicher oder unerfahren, lassen Sie sich das Vorgehen vom Fachmann zeigen, damit es nicht zu unnötigen Zwischenfällen kommt.

Ist die Durchfallerkrankung stark oder nicht zügig geheilt, müssen Sie unbedingt einen Tierarzt konsultieren. Dieser behandelt dann auch die Begleitumstände, wie z. B. eine fortschreitende Austrocknung des Tieres. Begleitend können Sie in jedem Fall dem Degu zu Hause Wärme mit einer Rotlichtlampe anbieten – aber sorgen Sie wieder dafür, dass der Degu der Wärme auch ausweichen kann.

AUSSCHEIDUNGS- UND GESCHLECHTSORGANE

Penis-Erkrankungen

Bei einem Penisvorfall ist vom normalerweise eingezogenen Penis ein Teil sichtbar. Außerdem sind ringförmige Strukturen zu erkennen, die den Penis zusätzlich einschnüren. Bei einem Penisvorfall besteht die Gefahr, dass es zu weiteren Verletzungen kommt

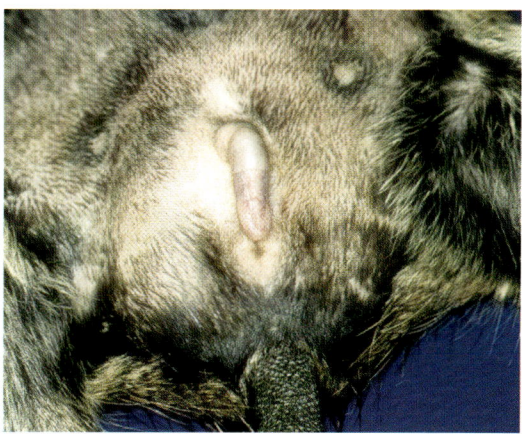

Penisvorfall beim männlichen Degu
Foto: Prof. Dr. M. Fehr

(z. B. durch Bisse oder „Hängenbleiben"), mit anschließender Infektions- und Entzündungsgefahr. Der Tierarzt wird den Penis reinigen, desinfizieren und die aufgelagerten Strukturen lösen.

Ein Penisring entsteht, wenn Haare vom Fell am Penis festkleben und mit der Zeit einen strangulierenden Kranz bilden. Ein Penisring ist an häufigen Erektionen zu erkennen und muss vom Tierarzt gelöst werden.

Geburtskomplikationen

Auch wenn Geburten bei Degus meist zügig vonstatten gehen und reibungslos ablaufen, können während der Geburt (der Fachmann sagt „unter der Geburt") unerwartete Komplikationen auftreten. Tote und übergroße Ungeborene können ebenso zu den Komplikationen gehören wie Ungeborene in falscher Geburtslage oder Erkrankungen der Mutter (Diabetes, Verfettung). Haben Sie das Gefühl, dass die Geburt nicht recht vorangeht, die Mutter zwar Wehen hat, aber keine Jungen gebären kann, müssen Sie das Tier zum Tierarzt bringen. Dieser kann fachgerecht eingreifen und z. B. mit Medikamenten die Geburt beschleunigen oder sogar einen Kaiserschnitt vornehmen. Die Wahrscheinlichkeit, dass die Mutter diesen Eingriff überlebt, sinkt, wenn das Tier bereits sehr entkräftet ist. Warten Sie daher bei Verdacht auf Geburtskomplikationen nicht zu lange, bis Sie einen Tierarzt konsultieren.

Degus mit einer Katarakt können sich gut zurechtfinden, wenn die Käfigeinrichtung nicht verändert wird. Foto: N. Notzon

Entdecken Sie, dass Teile der Scheide oder gar Gebärmutter des Weibchens austreten (z. B. beim Pressen, aber auch sonst), liegt wahrscheinlich ein Gebärmuttervorfall vor. Dann heißt es, sofort zum Tierarzt, es besteht höchste Lebensgefahr für die Mutter und den Nachwuchs! Der Tierarzt kann in diesem Fall versuchen, die ausgetretenen Geschlechtsteile wieder richtig zu platzieren, manchmal hilft aber nur noch das operative Entfernen der Gebärmutter.

Es kann vorkommen, dass die Mutter vor oder nach der Geburt im Rahmen einer so genannten Trächtigkeitsvergiftung (Graviditätstoxikose) zu sterben scheint, weil sie liegt, kaum reagiert und Krämpfe zu haben scheint. In diesem Fall kann u. a. ein Kalziummangel vorliegen, der durch die Stoff-wechselbelastungen während der Trächtigkeit un die körperlichen Veränderungen nach der Gebu. entstanden sein könnte. Die beste Hilfe ist, das Tie so schnell wie möglich zum Tierarzt zu bringen, de die Mutter mit geeigneten Medikamenten behande. kann. Sorgen Sie für eine ausgewogene Ernähru mit erhöhtem Eiweißgehalt (z. B. alle paar Tage e was Hundekuchen reichen) während der Trächti keit und Säugezeit, um Mangelerscheinungen vorzu beugen. VELOSO & BOZINOVIC (2000) haben eine positiven Effekt der Futterqualität im Rahmen d Fortpflanzung nachgewiesen.

Leider kommt es immer wieder vor, dass Deg Mütter ihre Jungen nach der Geburt töten und/od sogar anfressen bzw. auffressen. Dieses Phänomen i bei vielen Tieren bekannt und wird mit Stress wä end der Trächtigkeit und/oder bei bzw. nach der Geburt erklärt, möglich ist auch ein Nährstoffmangel. So wie Stress (falscher Käfigstandort, sozialer Druck in der Degu-Gruppe), Langeweile (ungenügende Ausstattung des Käfigs, zu kleiner Käfig) und Krankheitserreger Degus erkranken lassen können, können diese Faktoren auch zum Töten der Jungen nach der Geburt führen. In diesem Fall muss der Halter die lebenden Jungen von der Mutter trennen und sie mit der Hand aufziehen. Eine Anleitung hierzu finden Sie im Kapitel „Handaufzucht".

STOFFWECHSEL

Zuckerkrankheit (Diabetes mellitus)

Bei den Stoffwechselerkrankungen ist zunächst die Zuckerkrankheit (Diabetes mellitus), zu nennen. Diabetes mellitus (kurz: Diabetes) ist der medizinische Fachbegriff für die Zuckerkrankheit und bedeutet ins Deutsche übersetzt „honigsüßer Durchfluss". Der Diabetes wird auch als Zuckerharnruhr bezeichnet.

In einem gesunden Organismus wird die für den Körper lebenswichtige Glukose (Traubenzucker) mit der Nahrung aufgenommen und gelangt über den Darm ins Blut und dann in die Körperzellen, wo sie Energie liefert. Damit Glukose in die Zellen gelangen kann, ist das von der Bauchspeicheldrüse (Pancreas) produzierte Hormon Insulin unverzichtbar. Wird vom Körper kein Insulin produziert (absoluter Insulinmangel) oder steht zu wenig Insulin zur Verfügung (relativer Insulinmangel), kann die Glukose nicht in die Zellen gelangen und „staut" sich im Blut, weshalb es zu einer starken Erhöhung des Blutzuckerspiegels (Hyperglykämie) kommt. Ab einer gewissen Menge wird Glukose über die Nieren mit dem Harn ausgeschieden (Glykosurie). Hiermit verbunden sind eine vermehrte Wasser- bzw. Harnausscheidung (genauer: Polyurie infolge osmotischer Diurese) und starker Durst (Polydipsie). Daher auch der Begriff „honigsüßer Durchfluss" (Zucker im Urin und erhöhte Harnausscheidung). Der Diabetes kann eine Reihe von Spätfolgen bedingen, z. B. Veränderungen an den Blutgefäßen (Angiopathien), Schädigungen der Nieren (Nephropathien) und des Nervensystems (Neuropathien), Linsentrübungen an den Augen (Katarakt = grauer Star).

INFO: DIE HORMONE INSULIN UND GLUKAGON

Insulin: Hormon, das die Aufnahme von Blutglukose (also Zucker) und anderen Substanzen in die Zellen reguliert und somit den Blutzuckerspiegel senkt. Es wird in den B-Zellen der Bauchspeicheldrüse gebildet.
Glukagon: Gegenspieler (Antagonist) zum Insulin, wird in den A-Zellen der Bauchspeicheldrüse gebildet. Es handelt sich um ein Hormon, das auch zwischen den Mahlzeiten für einen ausreichenden Blutglukosespiegel sorgt.

Grundsätzlich unterscheidet man in der Human- und Tiermedizin einen primären und einen sekundären Diabetes. Der primäre Diabetes unterteilt sich in zwei Typen, und zwar in den Typ-I-Diabetes (insulinabhängiger Diabetes) aufgrund eines absoluten Insulinmangels und den Typ-II-Diabetes (nicht insulinabhängiger Diabetes) aufgrund eines relativen Insulinmangels. Der Typ-I-Diabetes entsteht durch eine weitgehende Zerstörung der insulinproduzierenden B-Zellen der Bauchspeicheldrüse, wodurch es zu Störungen bei der Insulinproduktion bzw. -freisetzung kommt. Die Ursachen sind noch nicht vollständig geklärt. Denkbar wären zusätzliche Faktoren wie Stress und Virusinfekte. Der Typ-II-Diabetes ist eher als eine gestörte Regulationskette aufzufassen, die durch eine Insulinresistenz der Körperzellen gekennzeichnet ist. Der sekundäre Diabetes kann nach FREUNDSCHUH & SCHÖLMERICH (2000) auftreten, wenn Inselzellen der Bauchspeicheldrüse fehlen (z. B. durch Schädigungen) oder wenn Insulin-antagonistische Hormone vermehrt produziert werden (z. B. durch Tumoren).

INFO: BLUTZUCKERWERTE FÜR DEGU UND MENSCH

Degu (FEHR et al. 2005) :
Männchen: 7,10–9,95 mmol/l, Weibchen: 6,18–8,32 mmol/l
Mensch (PSCHYREMBEL 1998):
Mann und Frau: Nüchternblutzuckerwerte unter 6,7 mmol/l

Über die Ursachen, warum Degus häufig einen Diabetes ausbilden, wird nach wie vor diskutiert. NISHI & STEINER (1990) fanden heraus, dass sich die von Degus produzierten Hormone Insulin und Glukagon deutlich von denen anderer Säugetiere unter-

Eine gesunde Ernährung ist Bedingung für quietschfidele Degus. Foto: C. Ehrlich

scheiden. Die Wissenschaftler vermuten, dass diese unterschiedlichen Hormonstrukturen den Degus einen evolutionären Vorteil gebracht und sich dadurch erhalten haben. Es ist allerdings bis heute nicht aufgedeckt, um welchen Vorteil es sich dabei handeln könnte. In Bezug auf den Degu werden zurzeit sowohl genetische als auch ernährungsabhängige Faktoren diskutiert (BROICH 2003).

Gegen die Behauptung, allein die Fütterung der Degus mit zu zucker- und fetthaltigem Futter sei am Ausbruch des Diabetes Schuld, sprechen die Beobachtungen vieler Degu-Halter, dass der Diabetes oft familiär gehäuft aufzutreten scheint. Dies legte die Vermutung nahe, dass beim Ausbruch der Diabetes-Erkrankung eine genetische Komponente von Bedeutung sein könnte. Hierfür steht auch die Tatsache, dass selbst in der freien Natur Degus mit einer Katarakt beobachtet wurden (WOODS & BORAKER 1975). Allerdings darf diese Tatsache nicht dazu führen, die Tiere wieder mit zu zucker- bzw. fetthaltigem Futter

zu ernähren, denn Untersuchungen (BROWN & DON-NELLY 2001; NAJECKI & TATE 1999) konnten bele gen, dass eine konsequent zucker- und fettreduzierte rohfaserhaltige Ernährung mit Gemüse statt Obs das Ausbrechen der Diabetes-Erkrankung bzw. d Ausbildung der Katarakt stark vermindern kann Gegen das Argument der Inzucht als (alleinigen Auslöser des Diabetes sprechen die bereits oben an gesprochenen Degus, die in freier Wildbahn ein Katarakt ausgebildet haben.

Die Lebenserwartung diabeteskranker Degu lässt sich in zwei Gruppen einteilen. Nach ROT (2002, 2003) sterben die Degus nach Manifestatio der Katarakt entweder innerhalb eines halbe Jahres oder erreichen trotz Diabetes eine norma Lebenserwartung von 4–5 Jahren. Männliche Tie scheinen öfter betroffen zu sein, und zwar handel es sich einmal bei 32 von 40 (= 80 %) diabete kranken Tieren um Männchen (ROTH 2002 einmal bei 64 von 87 (= 73 %) (ROTH 2003). D

Erkrankungsalter dieser Tiere lag in der Regel zwischen einem halben Jahr und drei Jahren, während der Ausbruch der Erkrankung bei einem Alter über dreieinhalb Jahre weniger wahrscheinlich wird (ROTH 2002, 2003).

Trächtigkeitsvergiftung (Graviditätstoxikose)

Das Thema der Trächtigkeitsvergiftung (Graviditätstoxikose) wurde bereits unter „Geburtskomplikationen" im Kapitel „Ausscheidungs- und Geschlechtsorgane" behandelt.

Nachhandlähmung

Durch Mangelerscheinungen (Vitamin B, seltener Vitamin E oder Selen), Infektionen oder toxische (seltener traumatische) Ursachen kann es zu Lähmungserscheinungen der Hinterextremitäten kommen (FEHR et al. 2005). Von der Hinterbeinschwäche abgesehen erscheint der Degu zunächst unauffällig, schließlich verfällt er aber immer mehr. Todesfälle kommen vor – trotz Behandlung durch den Tierarzt (Vitamingabe und Flüssigkeitszufuhr oder bei Erregernachweis Antibiotika und Kortikoide).

PARASITEN

Innere Parasiten (Endoparasiten)

Im Darm von Degus konnten die Protozoen (tierische Einzeller) *Eimeria exigua* nachgewiesen werden, die als Erreger der so genannten Kokzidiose gelten. Allerdings erkrankten Degus laut FEHR et al. (2005) an diesem Befall nicht eigenständig; die Erreger begünstigten lediglich den Ausbruch von Magen-Darm-Entzündungen (Gastroenteritiden). Kam es zu einer Mischinfektion mit Bakterien, so zeigten sich folgende Symptome: Appetitlosigkeit, Durchfall und allgemeine Krankheitszeichen wie Apathie und gesträubtes bzw. struppiges Fell.

Degus können auch an der Toxoplasmose, die durch Protozoen (*Toxoplasma gondii*) verursacht wird, erkranken, indem sie die Erreger mit dem Futter aufnehmen. Infizierte Degus werden apathisch, zeigen keinen Appetit und bekommen Fieber. Neben einem struppigen Fell fallen sie im Verlauf der Erkrankung durch Abmagerung, Durchfall, eventuelle Lungenentzündungen und Atemnot auf, denkbar sind auch Lähmungserscheinungen und Krämpfe.

Ein weiteres Krankheitszeichen kann eine Nackenstarre (Opisthotonus) sein, also ein Krampf im Bereich der Rückenmuskulatur mit nach hinten überstrecktem Rumpf. Weiterhin können Augenerkrankungen auftreten sowie eine Anämie (Blutarmut). Die Erkrankung führt bei einem akuten Schub in 2–8 Tagen zum Tod, manche Degus sterben an dieser Erkrankung auch ohne vorherige Krankheitszeichen. Die Behandlung (meist mit Sulfonamiden) erfolgt beim Tierarzt nach einem Erregernachweis.

Bei frei bzw. wild lebenden Degus wurden Helminthen (Bezeichnung für alle in den Eingeweiden von Mensch und Tier schmarotzenden Würmer) gefunden, so z. B. *Echinococcus granulosus* (WOODS & BORAKER 1975), aber auch Nematoden (Fadenwürmer). Da es sich bei Degus in der Heimtierhaltung in den allermeisten Fällen um Nachzuchten handeln dürfte, besteht kaum Gefahr der Erkrankung der Degus durch diese Parasiten. Falls sich aber

Mikroskopische Aufnahme eines Haarlings (*Chirodiscoides* ssp.), der sich an einem Haar festhält   Foto: Prof. Dr. M. Fehr

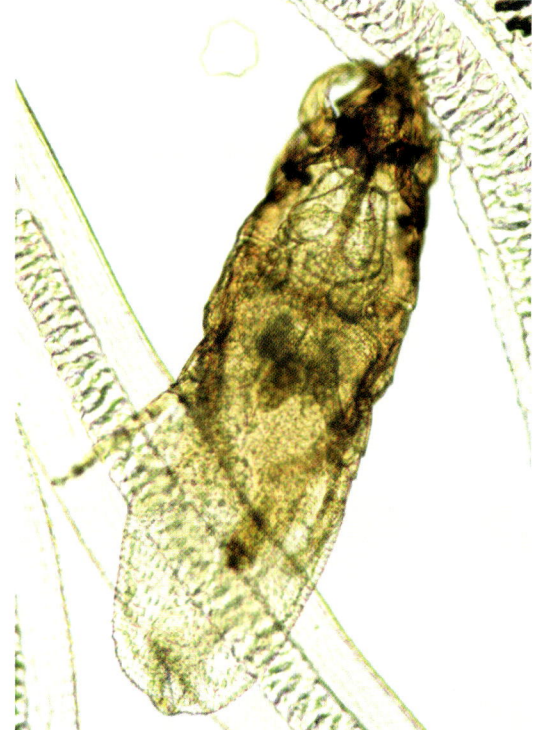

doch Wildfänge unter den gehaltenen Degus befinden sollten, können diese an den Endoparasiten erkranken und zeigen dann Änderungen im Allgemeinbefinden, gesträubtes/struppiges Fell, aber auch Durchfall und Abmagerung sowie Fehlgeburten und ein mögliches Jungtiersterben (FEHR et al. 2005). Der Tierarzt wird eine Kotuntersuchung vornehmen, um die Parasiten zu bestimmen und anschließend eine Therapie einzuleiten.

Äußere Parasiten (Ektoparasiten)

Nach GABRISCH & ZWART (2001) sind vom Degu keine besonderen Ektoparasiten bekannt, allerdings können durch andere Tiere (z. B. Vögel) in der Nähe des Degu-Käfigs oder bei Vergrößerung des Degu-Bestandes mit neuen Tieren mitgebrachte Ektoparasiten überspringen.

Degus werden gelegentlich von der Roten Vogelmilbe (*Dermanyssus gallinae*) befallen. Diese kleinen, zur Ordnung der Spinnentiere gehörenden Plagegeister überfallen Degus meist nachts, um Blut zu saugen. Degus leiden durch die Milben an Juckreiz und kratzen sich daher oft (gehäuft in den Abend- und Nachtstunden, wenn die Milben besonders aktiv sind). Ist der Milbenbefall besonders schlimm, kann sich auch das Allgemeinbefinden der Degus verschlechtern (Apathie), bei Jungtieren kann eine Anämie auftreten. Es können Ekzeme (Entzündung der oberflächlichen Hautschichten mit Schwellung, Rötung, Knötchen- und Bläschenbildung, Nässen, Schuppen-, Krusten- und Borkenbildung) und Entzündungen an den Kratzwunden entstehen. Der Tierarzt wird auf Milbenbefall untersuchen, evtl. einen Bluttest durchführen (bei Anämieverdacht) und z. B. ein Puder verschreiben.

Bei starkem Juckreiz, häufigem Kratzen und/oder Kratzwunden muss auch an einen Befall mit Haarlingen (Schmarotzer an Säugetieren, die von Hauttalg und abgestoßener Hornhaut leben; sie gehören zur Überfamilie der Kieferläuse) gedacht werden, die von anderen Tieren (z. B. Meerschweinchen) auf Degus übergesprungen sein können. In jedem Fall müssen nicht nur die betroffenen Tiere behandelt werden, auch der Käfig bedarf einer gründlichen Reinigung und Behandlung. Der Tierarzt berät Sie gerne.

OPERATIONEN

Kastrationen

Gelegentlich kann eine Kastration der Degus nicht umgangen werden. Auch wenn das Narkoserisiko bei Nagern nicht zu unterschätzen ist, so gibt es heute doch sehr gute Narkosetechniken, die das Risiko erheblich senken.

Es können sowohl männliche als auch weibliche Degus kastriert werden. Hierzu wird der Tierarzt bei Degu-Männchen die Hoden vorlagern und entfernen, bei Weibchen werden die Eierstöcke herausgenommen. Die Kastration von Weibchen empfiehlt sich jedoch nicht, da bei ihnen die Bauchhöhle eröffnet werden muss, was mit einem höheren Operationsrisiko verbunden ist. Nach dem Ausschlafen der Narkose unter einer Rotlichtlampe sollten die operierten Tiere einige Tage auf Zellstoff oder sauberen Tüchern gehalten werden (FEHR et al. 2005), um das Infektionsrisiko der Operationsnarbe z. B. durch Einstreu zu verringern.

Degu-Männchen sind nach erfolgter Kastration noch 4–6 Wochen zeugungsfähig. Ursache hierfür sind Spermareste im Samenleiter, der im Körper des Tieres verbleibt.

Gebärmutterentfernung (Hysterektomie)

Bei einem Gebärmuttervorfall (Uterusprolaps) unter der Geburt hilft oft nur noch das operative Entfernen der Gebärmutter, die so genannte Hysterektomie.

Kastration unter Inhalationsnarkose Foto: Prof. Dr. M. Fehr

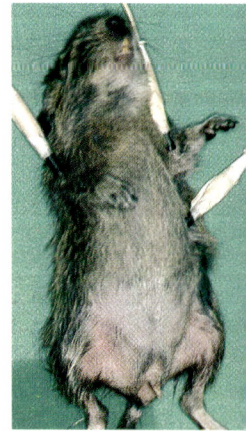

VERHALTENSAUFFÄLLIGKEITEN

Stereotypien

Verhaltensauffälligkeiten (In-der-Ecke-Hochspringen, Gitternagen) werden u. a. durch Stress und/oder Langeweile ausgelöst. Degus wollen in diesem Fall beidem entgehen, was aber durch den Käfig nicht möglich ist. Prüfen Sie, ob Käfiggröße und -standort angemessen sind und ob den Tieren eine abwechslungsreiche Einrichtung zur Verfügung steht. Bei Fehlverhalten ist auch an Fehlernährung bzw. an sozialen Druck innerhalb der Degu-Gruppe zu denken.

Scheue und bissige Degus

Ist Ihr Degu bissig oder scheu, kommen zunächst Angst, Schmerz oder ein Ruhebedürfnis in Frage. Achten Sie auf erste Anzeichen eines Warn- oder Abwehrverhaltens (z. B. gesträubtes Fell, angelegte Ohren, „Knurren", Schwanzschlagen, Aufreißen des Mäulchens). Beobachten Sie, ob das Tier unwirsch reagiert, wenn es beispielsweise nur an bestimmten Körperstellen berührt wird (z. B. durch Verletzung, Krankheit), was auf ein medizinisches Problem schließen lässt. Bissige Degus können auch durch ihr Verhalten anzeigen, dass die Haltungsbedingungen nicht optimal sind, z. B. wenn der (zu kleine) Käfig zu hell, ungeschützt oder in einem zu lauten Zimmer steht; ungünstige Faktoren wären hier grelle Beleuchtung, Lautsprecher und Zug. Beseitigen Sie eventuelle Störfaktoren.

Bei ohne ersichtlichen Grund aggressiven Degus brauchen Sie viel Geduld und Zeit, um das Vertrauen des Tieres zu erlangen. Schützen Sie Ihre Hand, bevor Sie sich dem Degu nähern, denn im Falle eines schmerzhaften Bisses könnten Sie laut oder hektisch reagieren und den Degu durch Ihr aufgebrachtes Verhalten noch mehr verschrecken. Ist Ihre Hand jedoch z. B. mit einem nach Ihnen duftenden Material (Wollhandschuh, Socke etc.) einigermaßen geschützt und „flieht" diese Hand nicht nach dem Biss, signalisieren Sie dem Tier, dass es Ihnen mit Beißen nicht mehr beikommen kann. Sollten die Attacken Ihres Nagers eines Tages nachlassen, versuchen Sie es langsam mehr und mehr ohne Schutz. Diese Methode ist nicht immer von Erfolg gekrönt, kann aber zu einer Entspannung der Situation beitragen. Sollte der Degu sein Verhalten nicht ändern, akzeptieren Sie ihn dennoch. Ich selbst habe die Erfahrung gemacht, dass ein höchst bissiges Weibchen über einen langen Zeitraum doch noch „freundlicher" wurde und heute zu meinen anhänglichsten Degus gehört.

Verwechseln Sie die vermeintliche Bissigkeit Ihres Degu nicht mit einem Fehlverhalten Ihrerseits. Wenn Sie Ihre Tiere gern mit der Hand durch die Gitterstäbe füttern, schnappen die Tiere auch dann zu, wenn Sie nur die Finger ohne Futter durch die Gitter stecken. Das ist keine Bösartigkeit der Degus, sondern ein anerzogenes Verhalten. Füttern Sie also nur während der Zähmungsphase durch die Gitter.

ÜBERTRAGBARE KRANKHEITEN

Auch wenn Heimtiere die Lebensqualität der Menschen deutlich verbessern können (KLIMKE 2000), so darf nicht übersehen werden, dass Tiere Krankheiten auf Menschen übertragen können und umgekehrt. Dies führt zum Begriff der Zoonosen. Hierbei handelt es sich um Infektionskrankheiten, die beim Tier entstanden sind und auf den Menschen direkt oder indirekt übertragen werden, z. B. Pest, Milzbrand oder Tollwut (MADIGAN et al. 2001). Im Gegensatz hierzu existieren Anthropozoonosen und Zooanthroponosen. Anthropozoonosen sind Infektionskrankheiten, die sowohl Menschen als auch Tiere befallen und vom Menschen auf Tiere übertragen werden können. Zooanthroponosen sind ebenfalls Infektionskrankheiten, die allerdings vom Tier auf den Menschen übertragen werden, wie z. B. Brucellosen (durch Bakterien der Gattung *Brucella* hervorgerufene Infektionskrankheiten wie Bang-Infektion, Maltafieber etc.). Von diesen Infektionskrankheiten abgesehen kann die Tierhaltung Allergien auslösen, und zwar direkt (z. B. durch Tierhaare) oder indirekt (durch Zubehör wie Einstreu, Staub etc.).

Die natürlichen Wirtsorganismen für Krankheiten, die durch Tiere übertragen werden, sind nichtmenschliche Wirbeltiere, im Allgemeinen handelt es sich dabei um Nagetiere. Solche Krankheiten breiten sich gewöhnlich durch direkten Kontakt, Aerosole oder Bisse (Stiche) auf zufällige Wirtsorganismen wie beispielsweise den Menschen aus.

Für den Menschen relevante Zoonosen (z. B. Enteritis-Salmonellosen, Leptospirosen, Brucellosen,

Degus werden in Menschenhand rund fünf Jahre alt, manchmal auch älter. Foto: C. Ehrlich

Milzbrand, Tollwut, Toxoplasmose) sind selten und kommen im Wesentlichen bei Kontakt mit Wildfängen vor. Da bei wild lebenden Degus ein Helminthen- und Nematodenbefall gefunden wurde (FEHR et al. 2005), ist eine Übertragung auf den Menschen bei der Heimtierhaltung von Wildfängen möglich.

DER ALTE DEGU

Obwohl das Alter weder eine Erkrankung noch eine Störung ist, bringt es doch Situationen mit sich, die behandlungsbedürftig werden können.

Degus werden in Menschenhand rund fünf Jahre alt, manchmal auch älter. Der Alterungsprozess setzt beim Degu wie bei allen Wildtieren spät ein, verläuft dann aber meistens recht schnell. Bemerkenswert ist, wie erstaunlich gut ältere, kranke oder behinderte Tiere zurechtkommen, wenn sie in einer ihnen vertrauten Umgebung belassen werden. Sogar erblindete Degus können sich in einem vertrauten Käfig zielsicher bewegen. Daher in einem solchen Fall nicht mehr die Käfigeinrichtung verändern!

Bei einem in die Jahre gekommenen Degu werden die Augen trüber und verlieren Wasser, das Sehvermögen wird eingeschränkt. Das Fell wird lichter, besonders in der Bauchregion, die Bewegungen können eckiger und nicht mehr so flüssig erscheinen. Lange Ausflüge im Zimmer werden zunehmend uninteressanter, es steigt das Bedürfnis nach Ruhe und einer vertrauten Umgebung.

Das können Sie für Ihren alten Degu tun:

Wenn bei Ihrem alten Degu das Gewicht gesunken ist, können Sie den Anteil kalorienreichen Futters erhöhen. Aber mästen Sie das Tier nicht, das schadet mehr, als es hilft.

Geben Sie zusätzlich zur gewohnten Nahrung Vitamine, Mineralstoffe und Aufbaupräparate aber in Maßen. Damit können Sie die im Alter nachlassenden Abwehrkräfte stärken und einigen Krankheiten (z. B. Parasitenbefall) vorbeugen.

Wenn der alte Degu nur noch apathisch in der Ecke sitzt, mit nichts mehr zu locken ist und keine Nahrung mehr zu sich nimmt, müssen Sie damit rechnen, dass das Tier bald stirbt. Lassen Sie Ihren Degu nur vom Tierarzt einschläfern, wenn er eine schwere Krankheit oder Schmerzen hat.

Wenn das Tier gestorben ist, schämen Sie sich nicht Ihrer Trauer, denn es kommt nicht auf die Größe eines Tieres an, damit man um seinen Liebling trauern „darf"!

Es ist immer eine besonders traurige Situation, wenn Kinder mit einem toten Tier konfrontiert werden. Geben Sie ihnen unbedingt Zeit, damit sie um ihr Heimtier trauern und Abschied nehmen können. Viele Eltern meinen, dass Kinder tote Tiere nicht sehen sollten und sie ihnen damit Leid ersparen, aber das Gegenteil ist der Fall. Kinder sollten mit der Tatsache des Todes konfrontiert werden. Sie können leichter damit umgehen, wenn sie etwas „tun" können, indem sie das Tier z. B. mit einer kleinen Zeremonie beerdigen und das Grab besuchen können, bis die Trauer eines Tages der schönen Erinnerung weicht. Die Ungewissheit, wo das Tier abgeblieben ist, ohne es gesehen (und sich von seinem Tod überzeugt zu haben, ist für Kinder wesentlich schwerer zu verkraften. Es ist nicht leicht, Kindern zu erklären, dass der Tod zum Leben gehört. Wenn Ihr Kind aber eines Tages von einem neuen Heimtier spricht, ist es meist ein Zeichen dafür, dass der Verlust verarbeitet worden ist.

DEGU-STECKBRIEF

Name	Gewöhnlicher Degu (*Octodon degus*)
Klassifikation	Ordnung Nagetiere (Rodentia), Unterordnung Meerschweinchenverwandte (Caviomorpha), Überfamilie Trugrattenartige (Octodontoidea), Familie Trugratten (Octodontidae), Gattung der Strauchratten (*Octodon*), 4 Arten: Gewöhnlicher Degu *(Octodon degus*, MOLINA, 1782), Küsten-Degu (*Octodon lunatus*), Wald-Degu (*Octodon bridgesii*), Pazifik-Degu (*Octodon pacificus*)
Herkunft	Südamerika (v. a. Chile)
Farbe	Agouti (Oberseite bräunlich, Unterseite hellbraun bis weißlich gelb); Silberblau (Oberseite bläulich grau, Jungtiere silberblaues Fell)
Größe	Erwachsene: 11–19 cm; Neugeborene: 4–5,5 cm
Gewicht	Erwachsene: 170–320 g; Neugeborene: 10–16 g
Geschlechtsreife	Männchen mit ca. drei Monaten, Weibchen mit ca. sechs Wochen
Tragzeit	85–95 Tage, im Durchschnitt 90 Tage
Anzahl Jungtiere	1–10, meist 4–7
Säugezeit	3–4 Wochen
Trennung von den Eltern (in der Heimtierhaltung)	nach 5–6 Wochen
Tierschutz	Das Washingtoner Artenschutz-Übereinkommen (03.03.1973; Deutschland trat 1976 bei) dient der Einschränkung des Handels mit bedrohten Arten frei lebender Pflanzen und Tiere und den Produkten dieser Lebewesen. Das Kernstück sind die Artenlisten oder Anhänge, die viele Tier- und Pflanzenarten als schutzwürdig auflisten. Degus stehen nicht auf diesen Listen, ihre Haltung unterliegt in Deutschland lediglich dem Tierschutzgesetz (TierschG), das eine tiergerechte Unterbringung und Pflege der Tiere fordert. Detailliertere Angaben zur tiergerechten Haltung erhalten Sie z. B. bei der Tierärztlichen Vereinigung für Tierschutz (TVT).
Besonderes	Degus sind sehr soziale Tiere und müssen mindestens zu zweit, besser in einer Gruppe von 3–5 Tieren gehalten werden. Degus sind neugierig und brauchen viel Bewegung, daher ist ein großer und abwechslungsreich eingerichteter Käfig ein Muss. Degus haben einen ungewöhnlichen Zuckerstoffwechsel und können keine großen Mengen einfacher Zucker (Glukose) abbauen: Sie erkranken leicht an Diabetes mellitus (Zuckerkrankheit), daher muss auf eine möglichst zuckerarme Fütterung strengstens geachtet werden. Degus besitzen außerdem einen ausgeprägten Nagetrieb und benötigen große Mengen geeigneten Nagematerials. Degus sind keine Kuscheltiere und daher nicht für Kinder unter 14 Jahren geeignet.

Foto: C. Ehrlich

Foto: C. Ehrlich

ADRESSEN

ÄMTER

Bundesamt für Naturschutz (BfN)
Konstantinstr. 110, D-53179 Bonn
Telefon (0228) 8491-0, Fax (0228) 8491-200
Internet: www.bfn.de

Bundesministerium für Verbraucherschutz, Ernährung und
Landwirtschaft (BMVEL, vormals BMELF)
Referat Tierschutz
Postfach 14 02 70, D-53107 Bonn
Telefon: 0228/529-0 oder 01888-/529-0,
Fax: 0228/529-4262 oder 01888-/529-4262
Internet: www.verbraucherministerium.de

Das BMVEL verschickt kostenlos das „Gutachten über
Mindestanforderungen an die Haltung von Säugetieren"
sowie das Tierschutzgesetz.

VEREINIGUNGEN

Bundesarbeitsgruppe (BAG) Kleinsäuger e.V.
c/o Uwe Wurlitzer, Schulzoo Binzer Straße, Binzer Str. 14,
D-04207 Leipzig
Internet: www.bag-kleinsaeuger.de
Herausgeber der „BAG Mitteilungen"

Deutsche Gesellschaft für Säugetierkunde
c/o Prof. Dr. Günther B. Hartl, Institut für Haustierkunde,
Christian-Albrecht-Universität zu Kiel, Olshausenstr. 40-60,
D-24113 Kiel
Internet: www.uni-kiel.de/ifh/dgs
Herausgeber der „Mammalian Biology" (s. u.)

Tierärztliche Vereinigung für Tierschutz e.V. (TVT)
Geschäftsstelle: Bramscher Allee 5, D-49565 Bramsche
Telefon: 05468/925156, Fax: 05468/925157
Internet: www.tierschutz-tvt.de

ZEITSCHRIFTEN

RODENTIA
Populärwissenschaftliches Kleinsäuger-Fachmagazin
für domestizierte Arten und Wildformen.
Natur und Tier - Verlag, An der Kleimannbrücke 39/41,
D-48157 Münster
Telefon: 0251/13339-0, Fax: 0251/ 13339-33
E-Mail: verlag@ms-verlag.de
Internet: www.ms-verlag.de

Mammalian Biology – Zeitschrift für Säugetierkunde
Wissenschaftliche Zeitschrift für alle Säugetiere
(auch Großsäuger).
Urban & Fischer Verlag, Niederlassung Jena,
Postfach 10 05 37, D-07705 Jena
Internet: www.urbanfischer.de/journals/mammbiol

WEBSEITEN ÜBER DEGUS:

www.octodon-degus.com
(Webseite des Autors Stefan Gumnior)
www.degus.de
(Webseite der Tierärztin Alexandra Beißwenger)
www.degus-on-board.de (Degu-Gemeinschaftsforum von
Alexandra Beißwenger und Stefan Gumnior mit ange-
schlossenem Chat unter www.deguchat.de)
www.igdegu.de (Verein zum Schutz der Degus mit
Informationen, Haltungs- und Zuchtrichtlinien)
www.degus-online.de (Webseite von Sabine Gehrsitz)
www.nager-info.de (Nager-Haltungsinformationen von
Christine Wilde)

GIFTPFLANZEN-DATENBANK

www.vetpharm.unizh.ch/perldocs/toxsyqry.htm

Foto: N. Notzon

DANKSAGUNG

Ich bedanke mich bei Verleger Matthias Schmidt für die Möglichkeit, dieses Buch über Degus veröffentlichen zu können. Besonders bedanken möchte ich mich bei den Lektoren Christian Ehrlich und Kriton Kunz für die konstruktive Kritik am Manuskript und die kompetente Unterstützung bei der Erarbeitung des endgültigen Konzeptes, aber auch bei Ludger Hogeback für die Umsetzung des Textes in ein ansprechendes Layout. Das Buch wäre in der vorliegenden Form ohne viele andere Mitarbeiter des Verlages nicht zustande gekommen, ihnen allen daher ein großes Dankeschön. Vielen Dank auch den Fotografen, die mit ihren Bildern einen wichtigen Beitrag zu diesem Buch geleistet haben. Herrn Prof. Dr. Fehr von der Tierärztlichen Hochschule Hannover danke ich sehr herzlich für die fachliche Durchsicht des Kapitels über Degu-Krankheiten. Wertvolle Literatur- bzw. Recherchetipps gaben mir Frau Dr. Andrea Mess von der Humboldt-Universität zu Berlin und Frau Priv.-Doz. Dr. Birgit Drescher – danke!

Der Tierärztin Alexandra Beißwenger möchte ich ganz besonders und sehr herzlich für die sachliche und unterhaltsame Zusammenarbeit in unserem Gemeinschaftsforum www.degus-on-board.de danken, aber auch all unseren Mitgliedern, die das Forum durch ihre Fragen, Antworten und Tipps bereichern und zu dem werden ließen, was es heute ist: eine lebendige Informations- und Diskussionsplattform für Degu-Freunde. Dank auch an Tim, unseren „boardeigenen" Technik- und Internetfachmann.

Meiner Mutter danke ich von Herzen für die liebevolle Unterstützung und grenzenlose Geduld mit ihrem Tiernarren. Danke auch an Oliver, der mit übermenschlicher Gelassenheit meine Berichte bezüglich Degus ertrug und in schwierigen Phasen stets guten Zuspruch spendete, Claudia, die sich wirklich für meine Degus interessierte und sie nicht als Mahlzeit für ihre Katze betrachtete, und Tanja, die sich auch für Fellknäuel begeistern kann, die keine Schlappohren haben und nicht hoppeln. Für viele liebe und unbezahlbare Aufmunterungen sowie fachliche Diskussionen danke ich zudem Dr. Susanna Karlsson aus Stockholm – tack så mycket!

Zum Schluss möchte ich mich bei meinen Degus für viele spannende Jahre, Erlebnisse und faszinierende Einblicke in ihre Welt bedanken. Sie waren es, die mich zum Schreiben dieses Buches anregten …

Foto: N. Notzon

LITERATUR

BERG, J. M., J. L. TYMOCZKO & L. STREYER (2003): Biochemie. 5. Aufl. – Spektrum Akademischer Verlag, Heidelberg, Berlin

BORN, S. & N. WÜRTH (2003): Wiso Ratgeber Haustier. Steuern, Haftung, Versicherung, Tierpension, Mietklauseln. – Redline Wirtschaft bei Ueberreuter, Frankfurt, Wien

BRAUN, K., P. KREMZ, W. WETZEL, T. WAGNER & G. POEGGEL (2003): Influence of parental deprivation on the behavioral development in *Octodon degus*: Modulation by maternal vocalizations. – Dev. Psychobiol. 42: 237–245

BRAUN, K. & G. POEGGEL (2001): Recognition of mother's voice evokes metabolic activation in the medial prefrontal cortex and thalamus of *Octodon degus* pups. – Neuroscience 103: 861–864

BREHM, A. E. (1973): Brehms Tierleben. Neue Gesamtausgabe in Farbe und in Naturaufnahmen. Gekürzte Ausgabe der 2. Originalauflage von Brehms Tierleben, Ausgabe letzter Hand. – Safari, Berlin

BROICH, A. (2003): Quirlige Nager auf dem Vormarsch. Über die Geschichte der Degus und wie man sie richtig hält. – Lebendige Tierwelt 4: 24–26

BROWN, M. & T. M. DONELLY (2001): Cataracts of Secondary to Spontaneous Diabetes Mellitus. – Lab. Animal (30): 16

BROWN, S. A. & K. L. ROSENTHAL (Hrsg.) (2002): Kleinsäuger. Repetitorium Veterinärmedizin. – Eugen Ulmer, Stuttgart

CABRERA, A. (1957, 1961): Catálogo de los mamiferos de América del Sur. – Rev. Mus. Argentino Cien. Nat. „Bernardo Rivadavia" 4: 1–732

CAMPBELL, N. A. & J. B. REECE (2003): Biologie. 6. Aufl. – Spektrum Akademischer Verlag, Heidelberg, Berlin

CHÁVEZ, A., F. BOZINOVIC, L. PEICHL & A. G. PALACIOS (2003): Retinal spectral sensitivity, fur coloration, and urine reflectance in the genus *Octodon* (*Rodentia*): implications for visual ecology. – Investigative Ophthalmology & Visual Science 44: 2290–2296

DATILES, M. B. & H. FUKUI (1989): Cataract prevention in diabetic *Octodon degus* with Pfizer's sorbinil. – Curr. Eye Res. 8(3): 233–237

D'ERCHIA, A. M., C. GISSI, G. PESOLE, C. SACCONE & U. ARNASON (1996): The guinea-pig is not a rodent. – Nature 381(6583): 597–600

EHRLICH, C. (2002): Der Degu (*Octodon degus*). – Rodentia 2(1): 31–34

- (2003): Kleinsäuger im Terrarium. Biologie, Haltung, Zucht. – Natur und Tier - Verlag, Münster

FEHR, M., L. SASSENBURG & P. ZWART (Hrsg.) (2005): Krankheiten der Heimtiere. 6. Aufl. – Schlütersche Verlagsgesellschaft, Hannover

FREUNDSCHUH, M. & J. SCHÖLMERICH (Hrsg.) (2000): Pathophysiologie, Pathobiochemie. –Urban & Fischer, München, Jena

FULK, G. W. (1976): Notes on the activity, reproduction, and social behavior of *Octodon degus*. – Journal of Mammalogy 57: 495–505

GABRISCH, K. & P. ZWART (Hrsg.) (2001): Krankheiten der Heimtiere. 5. Aufl. – Schlütersche Verlagsgesellschaft, Hannover

GLUTTING, B. (2004): Heu – Das Vollkornbrot für Kaninchen. – RODENTIA 4(5): 58–59

GONZALES, M. (1990): Topographie der Bauchhöhlenorgane beim Degu (*Octodon degus*, Molina 1782). – Dissertation, Tierärztliche Hochschule Hannover, Anatomisches Institut

GRZIMEK, B. (Hrsg.) (1969): Enzyklopädie des Tierreiches. Bd. 11: Säugetiere 2. – Kindler, Zürich

GUMNIOR, S. (2003): So halten Sie Degus richtig. – Ein Herz für Tiere 6: 30–31

- (2004): Der Degu als Patient. – Ein Herz für Tiere 2: 52-53

- (2005): Degus halten und verstehen. – Gesunde Tierliebe 1: 26–27

HONEYCUTT, R. L., D. L. ROWE & M. H. GALLARDO (2003): Molecular systematics of the South American caviomorph rodents: relationships among species and genera in the family *Octodontidae*. – Mol. Phyl. Evo. 26: 476–489

IMMELMANN, K., E. PRÖVE & R. SOSSINKA (1996): Einführung in die Verhaltensforschung. 4. Aufl. – Blackwell Wissenschafts-Verlag, Berlin, Wien

JACOBS, S. (1998): Tierärztliche Haltungsempfehlungen für die Unterbringung kleiner Heimtiere in Tierheimen. – Dissertation, Tierärztliche Hochschule Hannover, Institut für Tierschutz und Verhalten

KLIMKE, V. (2000): Tiere machen uns menschlicher. – Natur und Kosmos 6: 66–72

KÜSTER, A. (2003): Bissverletzungen bei Nagetieren. – RODENTIA 3(2): 60–61

LEITHOLD, G. (2003): Überlegungen zum Einsatz von Laufrädern in der Labor- und Heimtierhaltung. – RODENTIA 3(4): 48–50

LEUSCHNER, L. & H. HERRLICH (2000): Fortpflanzung bei Tieren. – Klett, Stuttgart

LEXIKON-INSTITUT BERTELSMANN (Hrsg.) (1983): Das moderne Tierlexikon in zwölf Bänden. Bd. 11: Tana-Webe – Lexikothek Verlag für den Bertelsmann Club, Gütersloh

LOEFFLER, K. (2002): Anatomie und Physiologie der Haustiere. 10. Aufl. – Eugen Ulmer, Stuttgart